国家中等职业教育改革发展示范学校建设项目成果教材

焙烤食品检验技术

主　编　杨小华　段丽丽

参　编　刘海燕　梁　佳　李连民

　　　　贾红亮　刘小飞

主　审　郭亚萍

机 械 工 业 出 版 社

本书以焙烤食品为检测对象，以检验技能的培养为重点，紧密结合焙烤食品行业检验需要以及国家标准对于焙烤食品的检验规定，系统地介绍了焙烤食品所涉及的原辅材料及成品的检验技术。按照原辅材料和成品分成两个模块，模块一为焙烤食品原辅材料的检验，涉及的原辅材料包括小麦粉、油脂、糖和糖浆、肉制品、水、干鲜果品，共计40个检验任务。模块二为各类焙烤食品成品的各项指标的检验，涉及感官指标、理化指标、添加剂、重金属、毒素和微生物指标共计25个检验任务。每个学习任务按照学习目标、任务描述、任务分解、知识储备、实验实施、知识扩展等环节开展教学，培养学生的动手能力、团队协作能力和学习兴趣。

本书为中等职业教育专业技能课教材，可作为中职产品质量监督检验专业及食品类专业的教学用书，同时也可作为中职以外的食品类专业的教学及教学参考用书以及焙烤食品行业检验工具用书，还可以用作职工培训教材。

图书在版编目（CIP）数据

焙烤食品检验技术/杨小华，段丽丽主编 . —北京：机械工业出版社，2015.2

国家中等职业教育改革发展示范学校建设项目成果教材

ISBN 978 - 7 - 111 - 50774 - 1

Ⅰ.①焙…　Ⅱ.①杨…　②段…　Ⅲ.①焙烤食品 - 食品检验 - 中等专业学校 - 教材　Ⅳ.①TS211.7

中国版本图书馆 CIP 数据核字（2015）第 149547 号

机械工业出版社（北京市百万庄大街 22 号　邮政编码 100037）

策划编辑：宋　华　责任编辑：宋　华　陈　洁

责任校对：薛　娜　封面设计：路恩中

责任印制：康朝琦

北京京丰印刷厂印刷

2015 年 9 月第 1 版第 1 次印刷

184mm×260mm · 12.5 印张 · 307 千字

0 001—1 000 册

标准书号：ISBN 978 - 7 - 111 - 50774 - 1

定价：35.00 元

前　　言

本书作为产品质量监督检验（食品质量监督检验专门化）专业的核心课程，其内容与食品检验工等职业技能标准衔接，满足企业岗位需求，旨在培养适应食品行业所需技能型人才，探索校企合作，有效促进学生职业技能和综合职业能力与素质的提高。

本书以"工作过程系统化"的思路整理教学内容，按照岗位群的典型工作任务划分行动领域，根据行动领域转化学习领域，继而根据学习领域设计情境教学。将涉及焙烤食品的检验技术划分为原辅材料和成品两大模块，调研焙烤企业实际检验项目，系统地划分出小麦粉的检验、油脂的检验、糖和糖浆的检验、肉制品的理化检验、水的检验、干鲜果品的检验6大原辅料检验项目，划分出焙烤食品感官指标检验、理化指标检验、食品添加剂检验、重金属检验、毒素检验、微生物指标检验6大焙烤食品成品检验项目，原辅料检验分为40个工作任务，成品检验分为25个工作任务。本课程以任务为导向，设计完成每项任务需要的知识和完成技能需要的载体，紧密结合岗位职责和职业资格证书的要求，课程内容以岗位的需要为目标，在涉及理论知识的同时，更加注重技能的训练，训练既有需要在校内实训基地完成的，也有需要到校外实训基地完成的。本书将教学内容按项目任务编写，让学生在"学中做，做中学"，旨在激发学生的学习兴趣。我们还编写有配套实训手册，以便指导学生进行实际操作并检验学习成果。另外，设计了一套独特的评价考核方法，更有效地检验和考核学生的学习成果。

本书由郭亚萍任主审，杨小华、段丽丽任主编。参加编写的人员如下：绪论、模块一中项目一及项目二部分内容由段丽丽编写，项目二部分内容及项目三由贾红亮编写，项目四、项目五、项目六由刘小飞主要编写，模块2中项目一由刘海燕、梁佳、李连民编写。全书统稿由杨小华和段丽丽完成，郭亚萍审定。本书在编写过程中，北京稻香村的很多专家给予了许多宝贵意见，在此表示感谢。

本书涉及的检验项目多，内容广，加之编者水平和时间有限，书中难免有疏漏之处，敬请同行专家和广大读者批评指正。

编　　者

目　　录

绪　论

【概述】

焙烤(bake,bakery)习惯上称为烘焙、烧烤,包括烤、烧、烙等。焙烤食品是指以谷物为基础原料,采用焙烤加工工艺定型,通过高温焙烤过程而熟化的一大类食品,又称烘烤食品。焙烤食品在我国的制作技术历史悠久,技艺精湛,是我国食品体系的主要内容之一,也是饮食中不可缺少的主食部分。近年来,焙烤食品行业发展迅速,有逐步增强的势头。

焙烤食品一般都具有下列特点:

1)焙烤食品均以谷物(主要为小麦粉)为基础原料。

2)大多数焙烤食品以油、糖、蛋(或其中 1~2 种)等为主要原料。

3)所有焙烤制品的成熟或定型均采用烘焙工艺。

4)多数焙烤食品都使用化学(或生物)膨松剂来膨松制品的结构。

5)所有焙烤食品都是固态、熟食、不经调理即可食用的方便食品。

6)焙烤食品大都质地酥松、色香俱佳、水分活度低、耐保存。焙烤食品除了包括我们常说的面包、蛋糕、饼干之外,还包括我国的许多传统的大众食品,如烙饼、锅盔、点心、馅饼等。

【焙烤食品分类】

焙烤食品种类繁多,分类复杂,可按生产工艺特点、产地、原料的配制、产品的制法等进行分类。

1. 按工艺特点分类

(1)面包类　以小麦粉、油脂、酵母、食盐、水、乳品等为主要原料,加入适量辅料,经搅拌面团、发酵、整形、醒发、烘烤或油炸等工艺制成的松软多孔的食品,还可以在烤制成熟前后在面包坯表面或内部添加奶油、人造黄油、蛋白、可可、果酱等的制品,包括软式面包、硬式面包、调理面包、起酥面包等。

(2)饼干类　以小麦粉(可添加糯米粉、淀粉等)为主要原料,加入(或不加入)糖、油脂及其他辅料,经调粉(或调浆)、成型、烘焙(或煎烤)等工艺制成的口感酥松或松脆的食品,主要有酥性饼干、韧性饼干、发酵饼干、压缩饼干、曲奇饼干、夹心饼干、威化饼干、蛋圆饼干、蛋卷等。

(3)糕点类　以谷物、油脂、蛋、糖、乳品、干鲜水果等为基础原料,添加适量辅料,并且经过配制、成型、成熟等工艺制成的食品。

2. 按发酵和膨化方式分类

（1）用酵母进行膨化的制品　用酵母进行膨化的制品主要是指利用酵母进行发酵产生二氧化碳使制品膨化，包括面包、苏打饼干、烧饼等。

（2）用化学方法进行膨化的制品　用化学方法进行膨化的制品主要是指利用碳酸氢钠（小苏打）、碳酸氢铵等化学膨松剂产生二氧化碳使制品膨化，包括油条、饼干、蛋糕、炸面包等。

（3）利用空气进行膨化的制品　利用空气进行膨化主要是指利用蛋白质的持气性，通过机械搅打混入空气以达到膨化的目的。此类制品包括海绵蛋糕、天使蛋糕等。

（4）利用水分汽化进行膨化的制品　利用水分汽化进行膨化主要是指利用食品中水分通过加热汽化进行膨化。此类制品有米果等。

【焙烤食品历史及发展趋势】

焙烤食品具有非常悠久的发展历史，它体现了人类饮食文化和科学技术的结晶。公元前9000年，波斯湾畔的中东民族用小麦等制成面粉糊，铺在晒热的石头上制成薄饼，成为人类制出的最简单的烘焙食品。人们发现在公元前1175年埃及首都底比斯的宫殿壁画上的制作面包的图案。这一面包技术在公元前600年传到了希腊，希腊将该技术发展起来，并且逐渐产生了蛋糕。后来，这些技术逐渐传播到罗马、匈牙利、英国、德国及欧洲各地，焙烤食品得以发展起来。

面包、饼干之类的西点在我国历史书上的记载较少。我国的焙烤食品的早先形式是利用小麦磨成粉后，掺水制成面糊，放在土窑内烤成脆硬的薄饼。如今，中式点心已成为世界众多焙烤食品之中的一大门类，尤其是被西方人称为月亮蛋糕（mooncake）的月饼已为世界所知，成为广受欢迎的焙烤食品之一。

目前，每一个国家都以各种方式生产各种各样的焙烤制品。欧美国家以现代科学技术为坚实基础，拥有相当发达的焙烤食品业。由于焙烤食品在西方国家具有重要地位，因此国外在这一领域的基础理论和应用方面进行了广泛深入的研究，取得了丰硕的成果。随着我国经济的发展和人民生活水平的不断提高，人们对生活质量的追求有了更高的要求，饮食结构发生了较大的变化，我国焙烤食品工业在改革开放政策的推动下，借鉴国外的科学技术，引进国外的先进设备，取得了长足的进步和发展。相较10年前，焙烤食品在人们日常生活中的地位已经有了很大的提高，人们对焙烤食品的需求量也越来越大，需求的花色品种也越来越多，品质要求也越来越高，因此焙烤食品逐渐成为食品工业中的一个重要组成部分，其中有的已经成为工业化生产体系，在国民经济中占有一定的地位。

模块一
焙烤食品主要原辅料检验

 学习目标

焙烤食品所用原辅料种类很多，以鸡蛋、食糖、小麦粉等为主要原料，以奶制品、膨松剂、赋香剂等为辅料。由于这些原料的加工性能有差异，所以各种原料之间的配比也要遵从原料配方平衡原则，包括干性原料和湿性原料之间的平衡，强性原料和弱性原料之间的平衡。

项目一　小麦粉的检验

 项目概述

小麦粉，又称面粉，是制造面包、饼干等焙烤食品的最基本的原料。小麦粉的主要成分有碳水化合物、蛋白质、脂肪、矿物质、粗纤维及维生素等。小麦粉中的碳水化合物主要是淀粉，约占总量的75%。由于小麦粉加工精度不同，所以其中的碳水化合物含量有所差异。

根据焙烤食品的用途可以将小麦粉分为面包粉、饼干粉、糕点粉等，根据小麦粉的筋力强弱（即蛋白质含量）可以将小麦粉分成低筋粉、中筋粉、高筋粉。小麦粉中蛋白质含量约占10%，根据不同规格的小麦粉而有所差异，小麦粉加工精度越高，蛋白质种类越少，蛋白质含量越高，小麦粉筋力、弹性、韧性越大，而可塑性和延伸性越小。面筋的主要成分是蛋白质，小麦粉的所有蛋白质中，

只有醇溶蛋白和麦谷蛋白能构成面筋。脂肪含量高的小麦粉在储藏过程中，在温湿季节易酸败变质。小麦粉中的矿物质主要有钙、钠、钾、镁及铁等金属盐类，统称为灰分。小麦粉中主要的维生素是维生素 B 和维生素 E，维生素 A 含量很少，几乎不含维生素 C 和维生素 D。低筋粉由软质的白小麦磨制而成，蛋白质含量低，小于或等于10%，湿面筋小于24%，适宜制作糕点，蛋糕等。中筋粉是介于高筋粉与低筋粉之间的一种具有中等筋力的小麦粉，适

宜制作发酵型糕点，如广式月饼、饼干等。高筋粉由硬质的白小麦磨制而成，蛋白质含量高，大于或等于12.2%，湿面筋大于30%，适宜制作面包、松酥类糕点等。一粒小麦，分为胚芽、胚乳及皮三部分。整粒小麦中胚芽占2.5%，胚乳占85%，胚乳是磨粉的主要成分。一般所称的小麦粉是指小麦除掉表皮后生产出来的白色小麦粉，可应用在各种面包、蛋糕、饼干等的制作中，是一切焙烤食品最基本的材料。全麦小麦粉则是整粒小麦在磨粉时，仅经过碾碎而不经过除去表皮程序，即整粒小麦全部磨成粉。

小麦粉的性质对面包等焙烤食品的加工工艺和产品的品质有着决定性的影响，小麦粉在焙烤食品中的工艺性能主要是由小麦粉中所含淀粉和蛋白质的性质决定。小麦粉的品质主要从小麦粉的含水量、灰分、颜色、面筋质、粗细度、蛋白质含量等方面加以检验，见表1-1。

表1-1　我国小麦粉的质量指标（GB1355—1986）

等级	特制一等粉	特制二等粉	标准粉	普通粉
加工精度	按实物标准样品对照检验粉色、麸量			
灰分（以干物计，%）	≤0.70	≤0.85	≤1.10	≤1.40
粗细度（%）	全部通过CB36号筛，留存在CB42号筛的不超过10.0%	全部通过CB30号筛，留存在CB36号筛的不超过10.0%	全部通过CB20号筛，留存在CB30号筛的不超过20.0%	全部通过CQ20号筛
面筋含量（以湿重计，%）	≥26.0	≥25.0	≥24.0	≥22.0
含砂量（%）	≤0.02	≤0.02	≤0.02	≤0.02
磁性金属物含量/（g/kg）	≤0.003	≤0.003	≤0.003	≤0.003
水分（%）	≤14.0	≤14.0	≤13.5	≤13.5
脂肪酸值（以湿基计）	≤80	≤80	≤80	≤80
气味、口味	正常	正常	正常	正常

任务一　水分的检验

<难度指数> ★★★

 学习目标

1. 知识目标

（1）了解小麦粉中水分检验的意义和原理。

（2）了解影响测定准确性的因素。

2. 能力目标

（1）掌握105℃恒重法测定小麦粉水分含量的操作技术和注意事项。

（2）通过实验掌握水分含量的计算方法。

3. 情感态度价值观目标

（1）了解小麦粉中水分检验的意义。

（2）感受精密仪器检验食品成分的精准性。

任务描述

对任意一个小麦粉样品，按照标准要求进行采样、称量，并且对样品进行预处理和样品制备，采用直接干燥法［参照《粮食、油料检验　水分测定法》(GB/T 5497—1985)］检测小麦粉样品中水分含量。

任务分解

小麦粉中水分检验流程如图 1-1 所示。

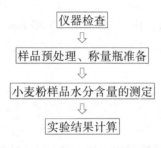

图 1-1　小麦粉中水分检验流程

知识储备

5

1. 小麦粉中水分含量测定的意义

小麦粉中水分含量的测定是小麦粉检测的重要项目之一。控制小麦粉的水分含量，关系到焙烤食品组织形态的保持、小麦粉中水分与其他组分的平衡关系的维持，以及小麦粉在一定时期内的品质稳定性等各个方面。例如，新鲜面包的水分含量若低于 28%～30%，其外观形态干瘪，失去光泽。各种生产原料中水分含量的高低，对它们的品质和保存，进行成本核算，实行工艺监督，提高工厂的经济效益等均具有重大意义。此外，在加工焙烤食品时，必须了解小麦粉的水分，以确定调粉时的加水量。一般测定时，小麦粉水分以 14% 为准。水分含量多用 105 ℃恒重法测定。

2. 小麦粉的水分含量及我国食品卫生法的规定

小麦粉的含水量与小麦粉的储存和调制面团时的加水量有密切关系。小麦粉的吸水量高，可降低制作成本，符合经济原则，但成品的储藏期会因高含水量而缩短。国家标准中规定小麦粉的水分含量为 13%～14%。水分超过 15%，霉菌就能繁殖，水分达到 17%，不仅霉菌，其他细菌也能繁殖。随着水分含量的升高，各类酶的活性增加，还会导致营养成分分解，并且产生热量，微生物和虫类也会大量繁殖，最终导致小麦粉酸败，缩短小麦粉保质期，同时也会使焙烤食品产率下降。

3. 小麦粉中水分含量测定的原理与方法

在 105 ℃温度下，将小麦粉烘干至恒重。根据试样减轻的质量，计算出水分百分含量。由于 105 ℃比水的沸点稍高，因此，在此温度下水分被干燥除去，而试样中的其他成分损失较少，故称为第一标准法。

4. 影响水分测定的因素

食品中水的存在状态分为两种，一种是自由水，又名游离水，存在于组织、细胞和细胞间隙中，具有一般水的特征，可流动，易分离。另一种是结合水，存在于溶质和其他非水组分附近。结合水不易分离，难以去除，如果不加限制地长时间加热干燥，必然使食物变质，影响分析结果，所以要在一定的温度、一定的时间和规定操作条件下进行测定，方能得到满意的结果。测定小麦粉水分含量的方法有 105 ℃恒重法、定温定时烘干法、隧道式烘箱法和两次烘干法等。105 ℃恒重法因其他成分的损失少、干扰小，而作为第一标准法。

 实验实施

1. 实验准备

1）电热恒温干燥箱（烘箱）。

2）扁形铝制或玻璃制称量瓶：内径 45 mm，高 20 mm。

3）干燥器：备有变色硅胶（变色硅胶一旦呈现红色就不能继续使用，应在 135 ℃温度下烘至全部呈蓝色后再用）。

4）分析天平：感量 0.000 1 g。

2. 实验步骤

（1）试样制备

从平均样品中分取一定样品，按照成品粮标准取分样质量 30～50 g，除去大样杂质和矿物质，粉碎细度为通过 1.5 mm 圆孔筛的样品不少于样品总量的 90%。

（2）样品测定

1）定温：使烘箱中温度计的水银球距离烘网 2.5 cm 左右，调节烘箱温度于 105 ℃ ± 2 ℃。

2）烘干铝盒：取干净的空铝盒，放在烘箱内温度计水银球下方烘网上，烘 30～60 min 取出，置于干燥器内冷却至室温，取出称重，再烘 30 min，烘至前后两次重量差不超过 0.005 g，即为恒重。

3）称取试样：用烘至恒重的铝盒（W_0）称取试样约 3 g，对带壳油料可按仁、壳比例称样或将仁壳分别称样（W_1，准确至 0.001 g）。

4）烘干试样：将铝盒盖套在盒底上，放入烘箱内温度计周围的烘网上，在 105 ℃温度下烘 3 h，（油料烘 90 min）后取出铝盒，加盖，置于干燥器内冷却至室温，取出称重后，再按以上方法进行复烘，每隔 30 min 取出冷却称重一次，烘至前后两次重量差不超过 0.005 g 为止。若后一次重量高于前一次重量，以前一次重量计算（W_2）。

3. 结果计算

$$水分 = \frac{W_1 - W_2}{W_1 - W_0} \times 100$$

式中　水分——试样中水分含量（g/100 g）；

　　　W_0——铝盒质量（g）；

　　　W_1——烘前试样和铝盒质量（g）；

　　　W_2——烘后试样和铝盒质量（g）。

双实验结果允许差不超过 0.2%，求其平均数，即为测定结果。测定结果取小数点后第 1 位。采取其他方法测定含水量时，其结果与此方法比较不超过 0.5%。

4. 注意事项

（1）经加热干燥的称量瓶要迅速放到干燥器中冷却。

（2）干燥器内一般采用硅胶作为干燥剂，当其颜色（蓝色）减退或由蓝色变成红色时，应及时更换，变色的硅胶于135 ℃下烘干2～3 h后，可再重新使用。

<h2 style="text-align:center">任务二　灰分的测定</h2>

<难度指数> ★★★

 ## 学习目标

1. 知识目标

（1）熟练掌握小麦粉中灰分测定的意义和原理。

（2）掌握小麦粉中灰分测定的方法和注意事项。

2. 能力目标

（1）掌握马弗炉、天平、干燥器的使用方法。

（2）掌握溶液的配制方法。

（3）通过对坩埚、样品的灼烧掌握不同样品的预处理方法。

3. 情感态度价值观目标

（1）了解小麦粉中灰分检验的意义。

（2）感受高温测定的精准。

 ## 任务描述

对任意一个小麦粉样品，按照标准要求进行采样、称量，并且对样品进行预处理和样品制备，采用550 ℃灼烧法［参照《粮油检验　灰分测定法》（GB/T 5505—2008）］检测小麦粉样品的灰分含量。

 ## 任务分解

小麦粉中灰分测定流程如图1-2所示。

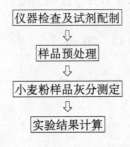

图1-2　小麦粉中灰分测定流程

 ## 知识储备

1. 灰分的概述

食品的组成成分非常复杂，除了大分子的有机物外，还含有许多无机物质，其在高温灼烧灰化时将会发生一系列的变化，其中的有机成分经燃烧，分解而挥发逸散，无机成分则留在残灰中。有机物经高温灼烧以后的残留物称为灰分（粗灰分，总灰分）。灰分代表食品中的矿物盐或无机盐类，灰分是食品中无机成分总量的一项指标。

7

2. 灰分测定的意义

（1）评判食品的加工精度和食品品质

小麦粉常以总灰分含量评定其加工精度，小麦胚乳中的灰分比麸皮低 20 倍左右，小麦粉的加工精度越高，灰分含量越低。无机盐是食品的六大营养要素之一，是人类生命活动不可缺少的物质，要正确评价某食品的价值，其无机盐含量是一个评价指标。一般小麦粉加工精度越高则越白，灰分含量越低。富强粉灰分含量为 0.3% ~ 0.5%；标准粉为 0.6% ~ 0.9%；全麦粉为 1.2% ~ 2.0%。因此，可根据成品粮灰分含量高低来检验其加工精度和品质状况。

（2）判断食品受污染的程度

不同的食品，因所用原料、加工方法及测定条件的不同，各种灰分的组成和含量也不相同，当这些条件确定后，某种食品的灰分常在一定范围内。如果灰分含量超过了正常范围，说明食品生产中使用了不合乎卫生标准要求的原理或食品受到污染。

3. 小麦粉中灰分测定的原理与方法

将样品炭化后置于 550 ℃ ± 10 ℃ 高温炉内（如马弗炉，见图 1-3）灼烧，样品总的水分及挥发物质以气态放出，有机物质中碳、氢、氮等元素与有机物质本身的氧及空气中的氧化合生成二氧化碳、氮氧化合物及水分而散失，无机物以硫酸盐、碳酸盐、氧化物等无机盐和金属氧化物的形式残留下来，这些残留物即为灰分，称量残留物的质量即可计算出样品中总灰分的含量。

实验实施

图 1-3　马弗炉

1. 实验准备

（1）仪器与设备

1）马弗炉：温度大于或等于 550 ℃ 并可控制温度。

2）分析天平：感量 0.000 1 g。

3）石英坩埚或瓷坩埚：容量为 18 ~ 20 mL。

4）干燥器（内有干燥剂）。

5）电炉。

（2）试剂与药品

1）20% 盐酸（体积分数）。

2）三氯化铁与蓝墨水的混合液。

2. 实验步骤

（1）水分测定

按任务一中的方法测定水分。

（2）试样制备

从平均样品中分取一定样品，按照成品粮标准取分样质量 30 ~ 50 g，除去大样杂质和矿物质，粉碎细度为通过 1.5 mm 圆孔筛的样品不少于样品总量的 90%。

8

（3）坩埚处理

取大小适宜的石英坩埚或瓷坩埚，用体积分数为20%的盐酸煮1~2 h，洗净晾干后，用三氯化铁与蓝墨水的混合液或记号笔在坩埚外壁及盖上写上编号。置于马弗炉中，在550 ℃±10 ℃下灼烧30~60 min（坩埚盖一并放入），冷却至200 ℃左右，取出，放入干燥器中冷却30 min，准确称量。重复灼烧至前后两次称量相差不超过0.000 2 g，为恒重，记录坩埚质量（m_0）。

（4）测定

称取混合试样（m）2~3 g（精确至0.000 2 g），于处理好的坩埚中，将坩埚放至电炉上，错开坩埚盖，以小火加热使试样充分炭化至无烟，然后把坩埚放在马弗炉口片刻，再移入炉膛内，错开坩埚盖，关闭马弗炉门在550 ℃±10 ℃灼烧2~3 h。在灼烧过程中，可将坩埚内位置调换1~2次，灼烧至黑点全部消失，变成灰白色为止。冷却至200 ℃左右，取出，放入干燥器中冷却30 min，称量前如发现灼烧残渣有炭粒时，应向试样中滴入少许水湿润，使结块松散，蒸干水再次灼烧至无炭粒即表示灰化完全，方可称量。重复灼烧至前后两次称量相差不超过0.5 mg为恒重（m_1）。最后一次灼烧的质量如果增加，取前一次质量计算。

3. 结果计算

$$X = \frac{m_1 - m_0}{m \times (100 - W)} \times 10\ 000$$

式中　X——样品灰分（干基）含量，以质量分数计（%）；

　　　m_0——坩埚的质量（g）；

　　　m_1——坩埚和灰分的质量（g）；

　　　m——试样质量（g）；

　　　W——试样的水分（%）。

实验结果取小数点后第2位。

4. 重复性

同一分析者使用相同仪器，相继或同时对同一试样进行两次测定，所得到的两个测定值的绝对差值不应超过0.03%。

知识扩展

1. 测定条件的选择

小麦粉灰分测定条件的选择包括灰化容器，确定取样量、灰化温度及灰化时间。

（1）灰化容器

1）测定灰分通常以坩埚作为灰化容器，个别情况下也可使用蒸发皿。坩埚分素烧瓷坩埚、铂坩埚、石英坩埚等多种。

2）素烧瓷坩埚因其价格低廉、耐用，是最常用的灰化容器。素烧瓷坩埚内壁光滑、耐高温（1 200 ℃），耐稀酸；但不耐碱，当灰化碱性食品时（如水果、蔬菜等），素烧瓷坩埚内壁的釉层会部分溶解，易发生破裂。反复多次使用后，往往难以得到恒量，在这种情况下宜使用新的瓷坩埚，或者选用铂坩埚。

3）铂坩埚能耐高温（1 773 ℃），能抗碱金属碳酸盐及氟化氢的腐蚀，导热性能好，吸湿性小，但价格十分昂贵，约为黄金的9倍。使用铂坩埚时应特别注意其性能和使用规则。

（2）灰化时间

灰化一般以灼烧至灰分呈白色或浅灰色，无炭粒存在并达到恒量为止。灰化至达到恒量的时间因试样不同而异，一般需 2 ~ 5 h。反复灼烧至恒重是判断灰化是否完全的最可靠方法。因为有些样品即使灰化完全，残留也不一定是白色或灰白色。例如，铁含量高的样品，残灰呈褐色；锰、铜含量高的样品，残灰呈蓝绿色；而有时即使残灰的表面呈白色或灰白色，但内部仍有炭粒残留。

（3）灰化温度

灰化温度一般控制在 500 ~ 550 ℃，不宜过低，否则灰化速度慢、时间长，不宜灰化完全，也不利于除去过剩的碱吸收的二氧化碳。灼烧温度也不得超过 550 ℃，否则，磷酸盐熔化，使灰分熔融黏结在坩埚上，凝结为固体物质，包围在其中的炭粒不易氧化。此外，温度过高，钾、钠、氯等的氧化物也能挥发而损失，致使测得结果产生误差。第一次灼烧后，如中间仍有炭粒，可加少许水，使已灰化的物质溶解，而未灰化的物质露在表面。蒸干后再灼烧。

2. 测定注意事项

（1）样品炭化时要注意热源强度，炭化时宜缓慢进行，只发烟不要起火，以免火焰带走试样中的灰分而影响测定结果的准确性。

（2）炭化时若发生膨胀，可滴橄榄油数滴，炭化时应先用小火，避免样品溅出。

（3）灼烧后的坩埚应冷却到 200 ℃ 以下再移入干燥器中，否则因过热产生对流作用，易造成残灰飞散；并且冷却速度慢，冷却后干燥器内形成较强真空，盖子不易打开。

（4）新坩埚在使用前必须在体积分数为 20% 的盐酸溶液中煮沸 1 ~ 2 h，然后用自来水和蒸馏水分别冲洗干净并烘干。用过的旧坩埚经初步清洗后，可用废盐酸浸泡 20 min 左右，再用水冲洗。

任务三　小麦粉含砂量的测定

<难度指数> ★★

 学习目标

1. 知识目标

（1）熟练掌握小麦粉中含砂量测定的意义和原理。

（2）掌握小麦粉中含砂量测定的方法和注意事项。

2. 能力目标

（1）掌握细砂分离漏斗、干燥器的使用方法。

（2）了解四氯化碳的危害及其处理办法。

3. 情感态度价值观目标

（1）了解小麦粉含砂量检验的意义。

（2）感受搅拌对砂石分离漏斗分离样品的作用。

 任务描述

对任意一个小麦粉样品，按照标准要求进行采样、称量，并且按照标准要求对样品进行预处理和样品制备，采用四氯化碳法[参照《粮油检验　粉类粮食含砂量测定》(GB/T 5508—2011)]检测小麦粉样品的含砂量。

 任务分解

小麦粉含砂量测定流程如图1-4所示。

图1-4　小麦粉含砂量测定流程

 知识储备

1. 小麦粉中含砂量测定的意义

粉类样品中所含砂、石、土等无机杂质的质量称为含砂量，用质量分数表示。粉类中含砂量超过标准规定时，既影响食品品质又有害于人体健康，因此原料入机前应加强清理，以防止砂尘混入。本项目采用四氯化碳法进行测定。

2. 四氯化碳法测定小麦粉中含砂量的方法原理

砂子和小麦粉的密度不同，可用四氯化碳进行分离。把试样放在四氯化碳中搅拌，静置后，粉类漂浮于四氯化碳表层上面，砂尘等沉于四氯化碳底层，从而将小麦粉与砂尘等分开。倾出漂浮的粉类，将沉淀物再进行清洗分离、烘干和称量，计算含量。

 实验实施

1. 实验准备

(1) 仪器与设备

1) 细砂分离漏斗，漏斗架。

2) 天平：感量0.01g；感量0.000 1 g。

3) 烧杯：100 mL。

4) 电炉：500 W。

5) 备有变色硅胶的干燥器。

6) 坩埚或铝盒，容量为30 mL。

7) 玻璃棒、石棉网等。

(2) 试剂与药品

四氯化碳(分析纯)。

2. 实验步骤

(1) 样品的扦取和分样

按本任务知识扩展部分内容中小麦粉的扦样、四分法分样。

11

（2）样品测定

量取 70 mL 四氯化碳注入细砂分离漏斗中，加入试样（m）10 g，轻轻搅拌 3 次（每 5 min 搅拌一次，玻璃棒要在漏斗的中、上部搅拌），静置 30 min。将浮在四氯化碳表面的小麦粉用角勺取出，再将分离漏斗球形中的四氯化碳和沉于底部的砂尘放入 100 mL 烧杯中，用少许四氯化碳冲洗漏斗两次，收集四氯化碳于烧杯中。静置 30 s 后，倒出烧杯内的四氯化碳，然后用少许四氯化碳将烧杯底部的砂尘转移至已恒重（m_0，±0.000 1 g）的坩埚中，再用吸管小心将坩埚内的四氯化碳吸出，将坩埚放在电炉的石棉网上烘约 20 min，然后放入干燥器内冷却至室温后称量，得坩埚及砂尘质量（m_1，±0.000 1 g）。

3. 结果计算及表示

（1）结果计算

$$X = \frac{m_1 - m_0}{m} \times 100\%$$

式中 $X(\%)$——小麦粉含砂量，以质量分数计（%）；

m_1——坩埚及砂尘质量（g）；

m_0——坩埚质量（g）；

m——试样质量（g）。

计算结果保留小数点后第 3 位。

（2）结果表示

每份样品应平行测试两次，两次测定结果符合重复性要求时，取其算术平均值作为最终测定结果，保留到小数点后第 2 位。平行实验测定结果不符合重复性要求，应重新测定。

4. 注意事项

（1）四氯化碳有特殊气味，在吸入或与皮肤接触时有毒，操作应在通风橱中进行。

（2）四氯化碳对环境有害，使用后的废液不得直接排放，应收集并按相关规定处理。

 知识扩展

样品的扦取和分样参照《粮食、油料检验　扦样、分样法》（GB 5491—1985）。

粮食、油料样品的扦取，依据粮食在不同状态下的形式而有所不同。一般分散装扦样、包装扦样、圆仓扦样、流动扦样和零星收购粮食、油料扦样及特殊目的取样 6 种，此处仅介绍前 3 种样品扦取方法。

1. 扦样工具

扦样器又称粮探子，分包装和散装两种。另外，扦样工具还包括取样铲、容器。

（1）包装扦样器

包装扦样器分 3 种（见图 1-5）：

1）大粒粮扦样器：全长 75 cm，探口长 55 cm，口宽 1.5～1.8 cm，头分尖形或鸭嘴形，最大外径 1.7～2.2 cm。

2）中小粒粮扦样器：全长 70 cm，探口长 45 cm，口宽约 1 cm，头尖形，最大外径约 1.5 cm。

3）粉状粮扦样器：全长约 55 cm，探口长 35 cm，口宽 0.6～0.7 cm，头尖形，最大外径约 1 cm。小麦粉样品扦样使用此种扦样器。

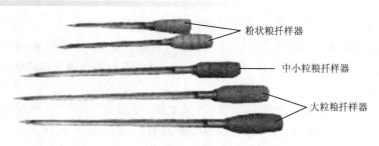

图 1-5　包装扦样器

（2）散装扦样器

散装扦样器分 3 种：

1）细套管扦样器：全长分 1 m、2 m 两种，三个孔，每孔口长约 15 cm，口宽约 1.5 cm，头长约 7 cm，外径约 2.2 cm。

2）粗套管扦样器：全长分 1 m、2 m 两种，三个孔，每孔口长约 15 cm，口宽约 1.8 cm，头长约 7 cm，外径约 2.8 cm。

散装扦样器如图 1-6 所示。

图 1-6　散装扦样器

3）电动吸式扦样器（不适于杂质检验）。

（3）取样铲

取样铲主要用于流动粮食、油料的取样或倒包取样。

（4）容器

样品容器应具备的条件包括密闭性能良好、清洁无虫、不漏、不污染。常用的容器有样品筒、样品袋、样品瓶（磨口的广口瓶）等。

2. 扦样方法

（1）单位代表数量

扦样时以同种类、同批次、同等级、同货位、同车船（舱）为一个检验单位。一个检验单位的代表数量：中、小粒粮食和油料一般不超过 200 t，特大粒粮食和油料一般不超过 50 t。

（2）散装扦样法

1）仓房扦样：散装的粮食、油料，根据堆形和面积大小分区设点，按粮堆高度分层扦样。步骤及方法如下：

①分区设点：每区面积不超过 50 m²，各区设中心、四角五个点。区数在两个和两个以上的，两区界限线上的两个点为共有点（两个区共 8 个点，三个区共 11 个点，依此类推）。粮堆边缘的点设在距边缘约 50 cm 处。

②分层：堆高在 2 m 以下的，分上、下两层；堆高在 2 ~ 3 m 的，分上、中、下三层，上层在粮面下 10 ~ 20 cm 处，中层在粮堆中间，下层在距底部 20 cm 处，如遇堆高在 3 ~ 5 m 时，应分四层；堆高在 5 m 以上的酌情增加层数。

③扦样：按区按点，先上后下逐层扦样。各点扦样数量一致。

④散装的特大粒粮食和油料（花生果、大蚕豆、甘薯片等），采取扒堆的方法，参照"分区设点"的原则，在若干个点的粮面下 10 ~ 20 cm 处，不加挑选地用取样铲取出具有代表性的样品。

2）圆仓（囤）扦样：按圆仓的高度分层（同上面"②分层"方法），每层按圆仓直径分内（中心）、中（半径的一半处）、外（距仓边 30 cm 左右）三圈，圆仓直径在 8 m 以下的，每层按内、中、外分别设 1、2、4 个点共 7 个点，直径在 8 m 以上的，每层按内、中、外分别设 1、4、8 个点共 13 个点，找层按点扦样。

（3）包装扦样法

小麦粉扦样包数不少于总包数的 3%。扦样的包点要分布均匀。扦样时，将包装扦样器槽口向下，从包的一端斜对角插入包的另一端，然后槽口向上取出。每包扦样次数一致。

3. 分样方法

将原始样品充分混合均匀，进而分取平均样品或试样的过程称为分样。

（1）四分法

将样品倒在光滑平坦的桌面上或玻璃板上，用两块分样板将样品摊成正方形，然后从样品左右两边铲起样品约 10 cm 高，对准中心同时倒落，再换一个方向同样操作（中心点不动），如此反复混合 4 ~ 5 次，将样品摊成等厚的正方形，用分样板在样品上划两条对角线，分成四个三角形，取出其中两个对顶三角形的样品，剩下的样品再按上述方法反复分取，直至最后剩下的两个对顶三角形的样品接近所需试样重量为止。

（2）分样器法

分样器适用于中、小粒原粮和油料分样。分样器由漏斗、分样格和接样斗等部件组成，样品通过分样格被分成两部分。分样时，将清洁的分样器放稳，关闭漏斗开关，放好接样斗，将样品从高于漏斗口约 5 cm 处倒入漏斗内，刮平样品，打开漏斗开关，待样品流尽后，轻拍分样器外壳，关闭漏斗开关，再将两个接样斗内的样品同时倒入漏斗内，继续照上法重复混合两次。以后每次用一个接样斗内的样品按上述方法继续分样，直至一个接样斗内的样品接近需要试样重量为止。

<h3 style="text-align:center">任务四　磁性金属物的测定法</h3>

<难度指数> ★★

 学习目标

1. 知识目标

（1）熟练掌握小麦粉中磁性金属物的检测原理。

（2）掌握小麦粉中磁性金属物的测定方法和注意事项。

2. 能力目标

会使用磁性金属物测定器，学会小麦粉中磁性金属物的检测方法。

3. 情感态度价值观目标

（1）了解小麦粉中磁性金属物检测的意义。

（2）感受精密仪器检验小麦粉磁性金属物的精准性。

任务描述

对任意一个小麦粉样品，按照标准要求进行采样、称量，并且按照标准要求对样品进行预处理和样品制备，采用磁性金属物测定器检测小麦粉样品的磁性金属物[参照《粮油检验　粉类磁性金属物测定》(GB/T 5509—2008)]。

任务分解

磁性金属物的检测流程如图1-7所示。

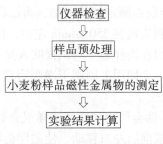

图1-7　磁性金属物的检测流程

知识储备

1. 磁性金属物的概述
小麦粉及其他粉类粮油食品中检出的铁类物质称为磁性金属物。

2. 磁性金属物测定的意义
如果小麦粉中磁性金属的含量过多，食用后会引起胃肠疾病，特别是长度超过0.3 mm的针刺状金属物，能刺破食道或胃肠壁，损害人身健康。因此，应加强磁性金属物的清除和检验。

3. 测定原理
采用电磁铁或永久磁铁，通过磁场的作用将具有磁性的金属物从试样中粗分离，再用小型永久磁铁将磁性金属物从残留试样的混合物中分离出来，计算磁性金属物的含量。

实验实施

1. 实验准备
1）磁性金属物测定仪如图1-8所示。

图1-8　磁性金属物测定仪

2）天平：感量0.000 1 g；感量1 g，最大量程1 000 g。

3）坩埚或铝盒、表面皿、毛刷。

4）分离板：210 mm×210 mm×6 mm，磁感应强度应不少于120 mT。

5）洗耳球、毛刷、白纸等。

2. 实验步骤

（1）试样扦样和分样

按任务三知识扩展部分"样品的扦取和分样"操作，然后，从平均样品中称试样1 kg（m），倒入测定器上部的盛粉斗，精确至1 g。

（2）样品测定

1）测定仪分离：开启磁性金属物测定仪的电源，将试样倒入测定仪盛粉斗，按下通磁开关。调节流量控制板按钮，控制流量在250 g/min左右，使试样经淌样板匀速流到储粉箱内；试样流完后，用洗耳球将残留在淌样板上的试样吹入储粉箱，然后用干净的白纸接在测定仪淌样板下面，关闭通磁开关，立即用毛刷刷干净吸附在淌样板上的磁性金属物（含有少量试样），并且收集到放置的白纸上。

2）分离板分离：将收集有磁性金属物和残留试样混合物的纸放在事先准备好的分离板上，用手拉住纸的两端，沿分离板前后左右移动，使磁性金属物与分离板充分接触并集中在一处，然后用洗耳球轻轻吹弃纸上的残留试样，最后将留在纸上的磁性金属物收集到称量纸上。

3）重复分离：将第一次分离后的试样，再按照上述步骤1）和2）重复分离，直至分离后在纸上观察不到磁性金属物，将每次分离的磁性金属物合并到称量纸上。

4）检查：将每次分离到的磁性金属物合并到分离板上，仔细观察是否还有试样粉粒，如有试样粉粒则用洗耳球轻轻吹弃。

（3）称量

将磁性金属物和称量纸一并称量（m_1），精确至0.000 1 g；然后弃去磁性金属物再称量（m_0），精确至0.000 1 g。

3. 结果计算

$$X = \frac{m_1 - m_0}{m} \times 1\,000$$

式中 X——磁性金属物含量（g/kg）；

m_1——磁性金属物和称量纸质量（g）；

m_0——称量纸质量（g）；

m——试样质量（g）。

双实验结果以高值为该实验的测定结果。

任务五　小麦粉面筋含量的测定

<难度指数> ★★★

 学习目标

1. 知识目标

（1）熟练掌握小麦粉中面筋含量测定的原理。

（2）掌握小麦粉中面筋含量测定的方法和注意事项。

2. 能力目标

（1）掌握的筛具的使用方法。

（2）通过面筋的制备掌握样品的预处理方法。

3. 情感态度价值观目标

了解小麦粉中面筋含量测定的意义。

 任务描述

对任意一个小麦粉样品，按照标准要求进行采样、称量，并且按照标准要求对样品进行预处理和样品制备，采用手洗法［参照《小麦和小麦粉　面筋含量　第 1 部分：手洗法测定湿面筋》（GB/T 5506.1—2008）］检测小麦粉样品的面筋含量。

 任务分解

小麦粉面筋含量测定流程如图 1-9 所示。

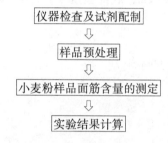

图 1-9　小麦粉面筋含量测定流程

 知识储备

1. 面筋含量

小麦粉加入适量的水揉搓成一块面团，泡在水里 30 ~ 60 min，用清水将淀粉及可溶性部分洗去，即得到有弹性和延伸性的胶状物，称为湿面筋（wet gluten）。去掉水分的湿面筋称为干面筋。面筋含量的高低是衡量小麦粉品质的主要指标之一，面筋含量决定面团的烘焙性能。我国小麦粉质量标准固定：特制一等粉湿面筋含量在 26% 以上（包含 26%），特制二等粉湿面筋含量在 25% 以上（包含 25%），标准粉湿面筋含量在 24% 以上（包含 24%），普通粉湿面筋含量在 22% 以上（包含 22%）。

2. 面筋质量

（1）**面筋质量和工艺性能指标**

面筋质量和工艺性能指标有延伸性、韧性、弹性和可塑性。

1）延伸性，是指面筋被拉长而不拉断的能力。

2）弹性，是指湿面筋被压缩或拉伸后恢复原来状态的能力。

3）韧性，是指面筋在拉伸时所表现的抵抗力。

4）可塑性，是指面团成型或经压缩后，不能恢复其原有状态的性质。

（2）**面筋的分类**

根据小麦粉的工艺性能，综合上述性能，可将面筋分为优良面筋、中等面筋、劣质面筋 3 类。

17

1）优良面筋：弹性好，延伸性大或适中。

2）中等面筋：弹性好，延伸性小；或者弹性中等，延伸性适中。

3）劣质面筋：弹性小，韧性差，由于自身重力而自然延伸和断裂，还会完全没有弹性，或者冲洗面筋时不粘结而冲散。

3. 面筋含量测定原理（手洗法）

小麦粉中加入氯化钠溶液制成面团，静置一段时间以形成面筋网络结构，用氯化钠溶液手洗面团，去除小麦粉中淀粉等物质及多余的水分，使面筋分离出来。

 实验实施

1. 实验准备

（1）仪器与设备

1）挤压板：9 cm×16 cm，厚3～5 cm 的玻璃板或不锈钢，周围贴0.3～0.4 mm胶布（纸），共两块。

2）带筛绢的筛具：30 cm×40 cm，底部绷紧 CQ20 号绢筛，筛框为木质或金属。

3）秒表。

4）天平：感量0.01 g。

5）毛玻璃盘：约40 cm×40 cm。

6）小型实验磨。

7）烧杯：100 mL。

8）移液管：25 mL。

9）玻璃棒或牛角匙。

（2）试剂与药品

1）20 g/L氯化钠溶液：将200 g 氯化钠（NaCl）溶解于水中配制成10 L溶液。

2）碘/碘化钾溶液：将2.54 g碘化钾（KI）溶解于水中，加入1.27 g碘（I_2），完全溶解后定容至100 mL。

2. 实验步骤

（1）扦样

实验收到的样品应具有代表性，在运输或储存过程中不得受损或改变。

（2）样品制备

充分混匀小麦粉样品，并且按照任务一中的方法测定样品水分后测定面筋含量。

（3）测定

1）一般要求：待测样品和氯化钠溶液至少在测定实验室放置一夜，待测样品和氯化钠溶液的温度应调整到20～25 ℃。

2）称样：称量待测样品10 g（换算成14%水分含量）准确至0.01 g，置于小搪瓷碗或100 mL烧杯中（m_1）。

3）面团制备和静置：

①用玻璃棒或牛角匙不停搅动样品的同时，用移液管一滴一滴地加入4.6～5.2 mL氯化钠溶液。

②拌和混合物，使其形成球状面团，注意避免造成样品损失。粘在器皿壁上或玻璃棒或

牛角匙上的残余面团也应收到面团球上。

③面团样品制备时间不能超过 3 min。

4）洗涤：

①操作应该在带筛绢的筛具上进行，以防止面团损失。操作过程中实验人员应该佩戴橡皮手套，防止面团吸收手部的热量和受手部排汗的污染。

②将面团放在手掌中心，用容器中的氯化钠溶液以每分钟约 50 mL 的流量洗涤 8 min，同时用另一只手的拇指不停地揉搓面团。将已经形成的面筋球继续用自来水冲洗、揉捏，直至面筋中的淀粉洗净为止(洗涤需要 2 min 以上)。

③当从面筋球上挤出的水无淀粉时表示洗涤完成，为了测试洗出液是否无淀粉，可以从面筋球上挤出几滴洗涤液到表面皿上，加入几滴碘/碘化钾溶液，若溶液颜色无变化，表明洗涤已经完成；若溶液颜色变蓝，说明仍有淀粉，应继续进行洗涤直至检测不出淀粉为止。

5）排水：

①将面筋球用一只手的几个手指捏住并挤压 3 次，以去除在其上的大部分洗涤液。

②将面筋球放在洁净的挤压板上，用另一块挤压板挤压面筋，排出面筋中的游离水，每压一次后取下并擦干挤压板，反复压挤直到稍微感到面筋有粘手或粘板为止(挤压约 15 次)。也可采用离心装置排水，离心机转速为 6 000 r/min，加速度为 2 000g，并且有孔径为 500 μm 筛合。然后，用手掌轻轻揉搓面筋团至稍感粘手为止。

6）测定湿面筋的质量：排水后取出面筋，放在预先称重的表面皿或滤纸上称重，精确至 0.01 g，湿面筋质量记录为 m_2。

7）测试次数：同一个样品做两次实验。

3. 结果计算

$$G_{wet} = \frac{m_2}{m_1} \times 100\%$$

式中　G_{wet}——试样的湿面筋含量(以质量分数表示)；

　　　m_1——测试样品质量(g)；

　　　m_2——湿面筋质量(g)。

结果保留 1 位小数。双实验结果允许差不超过 1.0%，求其平均数，即为测定结果，测定结果准确至 0.1%。

任务六　小麦粉粗细度的测定

<难度指数> ★★★

 学习目标

1. 知识目标

(1) 熟练掌握小麦粉粗细度测定的意义和原理。

(2) 掌握小麦粉的粗细度测定的方法和注意事项。

2. 能力目标

(1) 掌握电动粉筛的使用方法。

(2) 掌握样品的测定方法和计算。

3. 情感态度价值观目标

（1）了解小麦粉粗细度检验的意义。

（2）感受小麦粉经不同筛筛过的细度变化。

任务描述

对任意一个小麦粉样品，按照标准要求进行采样、称量，并且按照标准要求对样品进行预处理和样品制备，运用电动粉筛检测小麦粉样品的粗细度［参照《粮油检验　粉类粗细度测定》(GB/T 5507—2008)］。

任务分解

小麦粉粗细度测定流程如图1-10所示。

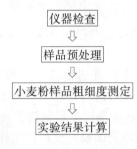

仪器检查
⇩
样品预处理
⇩
小麦粉样品粗细度测定
⇩
实验结果计算

图1-10　小麦粉粗细度测定流程

知识储备

1. 小麦粉细度

粗细度是指小麦经加工制粉后，小麦粉颗粒的粗细程度，也叫小麦粉细度，用筛上留存物的质量分数表示。

2. 小麦粉粗细度测定的意义

小麦粉粗细度是衡量小麦粉质量的重要指标，小麦粉越粗，筛上留存物越多，粗细度就高。一般来说粗细度与水分含量有关，入磨麦水分越少，粗细度越高，麸皮含粉越多。其次，粗细度与筛绢设置有关。

实验实施

1. 实验准备

1）电动粉筛(正方形)：直径300 mm，高30 mm，回转速度260 r/min。

2）天平：感量，0.1 g。

3）橡皮球(D5 cm)。

4）表面皿。

5）取样铲、毛笔、毛刷、清理块等。

2. 实验步骤

（1）安装

根据测定目的，选择符合要求的一定规格的筛子，用毛刷把每个筛子的筛绢上面、下面分别刷一遍，然后按大孔筛在上，小孔筛在下，最下层是筛底，最上层是筛盖的顺序安装。

（2）测定

从混匀的样品中称取试样 50.0 g(m)，放入上层筛中，同时放入清理块，盖好筛盖，按要求固定好筛子，定时 10 min，打开电源开关，验粉筛自动筛理。

（3）称量

验粉筛停止后，关闭电源，连续筛动 10 min，取出将各层筛倾斜，轻拍筛框并用毛刷把筛面上的粉集中到一角收集到表面皿中，称量上层筛残留物（m_1），小于 0.1 g 时，忽略不计，合并称量由测定目的规定的筛层残留物（m_2）。

3. 结果计算

$$X_1 = \frac{m_1}{m} \times 100$$

$$X_2 = \frac{m_2}{m} \times 100$$

式中 X_1、X_2——试样粗细度（以质量分数表示）；

$\qquad m_1$——上层筛残留物质量（g）；

$\qquad m_2$——规定筛层残留物质量之和（g）；

$\qquad m$——试样质量（g）。

在重复性条件下，获得的两次独立测试结果的绝对差值不大于 0.5%，求其平均数，即为测试结果，测试结果保留到小数点后 1 位。

任务七 小麦粉蛋白质含量的测定

<难度指数> ★★★★

 学习目标

1. 知识目标

（1）熟练掌握小麦粉中蛋白质测定的意义和原理。

（2）掌握小麦粉中蛋白质测定的步骤和注意事项。

2. 能力目标

（1）掌握凯氏定氮法，包括凯氏定氮仪的使用、样品的消化处理、蒸馏、滴定及蛋白质含量计算。

（2）掌握溶液的配制方法。

（3）掌握蛋白质含量的计算方法。

3. 情感态度价值观目标

（1）了解小麦粉中蛋白质检验的意义。

（2）体会小组分工合作的乐趣。

 任务描述

对任意一个小麦粉样品，按照标准要求进行采样、称量，并且按照标准要求对样品进行预处理和样品制备，运用凯氏定氮仪检测小麦粉样品中的蛋白质［参照《粮油检验 植物油

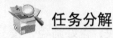

料粗蛋白质的测定》(GB/T 14489.2—2008)]。

 任务分解

小麦粉蛋白质含量测定流程如图 1-11 所示。

仪器检查及试剂配制
⇩
样品预处理
⇩
小麦粉样品蛋白质的测定
⇩
实验结果计算

图 1-11　小麦粉蛋白质含量测定流程

 知识储备

1. 蛋白质的概述

蛋白质是生命的物质基础，没有蛋白质就没有生命。因此，它是与生命及与各种形式的生命活动紧密联系在一起的物质，是构成人体及动物、植物细胞组织的重要成分之一。小麦粉中的蛋白质具有亲水性，与水结合能形成柔软、富有弹性及延伸性的面筋。加入水揉制时，小麦粉中的蛋白质逐步形成一个庞大的面筋网，将其他营养物质紧密包围，使面团具有弹性、韧性和延伸性。粮食质变时，蛋白质性质会发生变化，直接影响粮食的食用品质。蛋白质的检验方法有凯氏定氮法、酚试剂法、双缩脲法及紫外吸收法。小麦粉中蛋白质构成的面筋对面包、饼干等焙烤食品的质量起着至关重要的作用。可以说，小麦粉中蛋白质的质量和含量直接影响小麦粉的加工品质。

2. 蛋白质测定的原理(凯氏定氮法)

将试样同硫酸、硫酸铜和硫酸钾(催化剂)一同加热消化，使蛋白质分解；分解的氨与硫酸结合生成硫酸铵；然后进行碱化蒸馏使氨游离，用硼酸吸收后以硫酸或盐酸标准滴定溶液滴定，根据算出的消耗量乘以换算系数，即为粗蛋白质的含量。凯氏定氮法可应用于所有动物和植物性食品的蛋白质含量测定，但因试样中常含有核酸、生物碱、含氮类脂及含氮色素等非蛋白质的含氮化合物，所以将测定结果称为粗蛋白质含量。

实验实施

1. 实验准备

(1) 仪器与设备

1) 分析天平：感量 0.000 1 g。

2) 凯氏蒸馏装置：如图 1-12、图 1-13 所示。

3) 凯氏定氮仪：基于凯氏定氮原理的各类型半自动、全自动蛋白质测定仪。

4) 消化炉。

5) 容量瓶、移液管。

6) 滴定管：酸式。

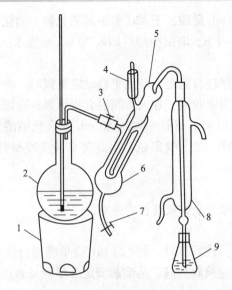

图 1-12 凯氏蒸馏装置图

1—电炉 2—水蒸气发生器(2 L 烧瓶) 3—螺旋夹
4—小玻杯及棒状玻塞 5—反应室 6—反应室外层
7—橡皮管及螺旋夹 8—冷凝管 9—蒸馏液接收瓶

图 1-13 半自动凯氏定氮仪
定氮蒸馏装置图

（2）试剂与药品

1）混合催化剂：0.4 g 硫酸铜（$CuSO_4 \cdot 5H_2O$），6 g 硫酸钾（K_2SO_4）或硫酸钠（Na_2SO_4），磨碎混匀。

2）硫酸：18 mol/L。

3）硼酸溶液（H_3BO_3）：$c(H_3BO_3) = 20$ g/L，20 g 硼酸加水溶解并定容至 1 000 mL。

4）氢氧化钠溶液（NaOH）：$c(NaOH) = 400$ g/L，400 g 氢氧化钠加火溶解且放冷后定容至 1 000 mL。

5）95% 乙醇（C_2H_5OH）。

6）盐酸标准滴定溶液：0.1 mol/L。

7）甲基红乙醇溶液（1 g/L）：称取 0.1 g 甲基红，溶于 95% 乙醇，再用 95% 乙醇稀释至 100 mL。

8）亚甲基蓝乙醇溶液（1 g/L）：称取 0.1 g 亚甲基蓝，溶于 95% 乙醇，再用 95% 乙醇稀释至 100 mL。

9）溴甲酚绿乙醇溶液（1 g/L）：称取 0.1 g 溴甲酚绿，溶于 95% 乙醇，再用 95% 乙醇稀释至 100 mL。

10）混合指示液：2 份甲基红乙醇溶液与 1 份亚甲基蓝乙醇溶液临用时混合，也可用 1 份甲基红乙醇溶液与 5 份溴甲酚绿乙醇溶液临用时混合。

11）硫酸铵：干燥。

12）蔗糖。

2. 实验步骤

（1）试样消化

称取 0.5 ~ 1 g 试样（含氮量 5 ~ 80 mg），精确至 0.000 2 g，放入消化管中，加 2 片消化片(仪器自备)或 6.4 g 混合催化剂,再加入 12 mL 硫酸,于 420 ℃下的消化炉上消化至消化液呈透明的蓝绿色,然后再继续加热至少 0.5~1 h,取出冷却后加入 30 mL 蒸馏水。

(2)蒸馏

使用全自动定氮仪时,按仪器本身常量程序进行测定。使用半自动定氮仪时,将带消化液的管子插在蒸馏装置上,用 25 mL 硼酸溶液为吸收液,加入 2 滴混合指示剂,蒸馏装置的冷凝管末端要浸入装有吸收液的收集瓶内,然后向消煮管中加入 50 mL 氢氧化钠溶液行蒸馏。蒸馏时间以吸收液体积达到 100 mL 时为宜。降下收集瓶,用蒸馏水冲洗冷凝管末端,洗液均需流入收集瓶内。

(3)滴定

用盐酸标准溶液滴定吸收液,以溶液由蓝绿色变成灰红色为终点。

(4)蒸馏、滴定操作步骤的检查

准确称取 0.2 g(精确至 0.000 1 g)硫酸铵,代替试样,按(2)和(3)步骤进行操作,测得的硫酸铵含氮量应为 21.19% ±0.2%,否则应检查加碱、蒸馏和滴定各步骤是否正确。

(5)空白实验

称取约 0.5 g 蔗糖代替试样,按以上操作步骤进行空白测定。消耗盐酸标准溶液的体积不得超过 0.2 mL。

3. 结果计算

$$X(\%) = \frac{(V_1 - V_0) \times c \times 0.014\,0 \times F}{m \times \dfrac{V'}{V}} \times 100$$

式中　$X(\%)$——试样中粗蛋白质的含量(以质量分数计);

　　　　V_1——试液消耗盐酸标准溶液的体积(mL);

　　　　V_0——空白试液消耗盐酸标准溶液的体积(mL);

　　　　V'——试样分解液蒸馏用体积(mL);

　　　　V——试样分解液总体积(mL);

　　　　c——盐酸标准滴定溶液浓度(mol/L);

　　0.014 0——1.0 mL 硫酸 $[c(1/2\ H_2SO_4) = 1.000\ mol/L]$ 或盐酸 $[c(HCl) = 1.000\ mol/L]$ 标准滴定溶液相当的氮的质量(g);

　　　　m——试样的质量(g);

　　　　F——氮换算为蛋白质的系数。一般食物为 6.25,小麦粉为 5.70。

4. 重复性

在重复性条件下获得的两次独立测定结果允许误差为:当粗蛋白质含量为 25% 以上时,允许相对偏差为 1%;当粗蛋白质含量为 10%~25% 时,允许相对偏差为 2%;当粗蛋白质含量在 10% 以下时,允许相对偏差为 3%。

项目二　油脂的检验

 项目概述

1. 油脂概述

可供人类食用的动物、植物油称为食用油脂，简称油脂。在食品中使用的油脂是油和脂肪的总称。在常温下呈液体状态的称油，呈固体状态的称为脂。它的原料来自动物、植物，石油等矿产中不含有如上所述的油脂。油脂可分解成甘油和脂肪酸，其中脂肪酸占比例较大，约占油脂重量的95%，而且脂肪酸种类很多，它与甘油可以结合成状态、性质各不相同的许多种油脂。脂肪酸可分为饱和脂肪酸和不饱和脂肪酸。不饱和脂肪酸分子中含有1个甚至6个不饱和双键。饱和脂肪酸又可分为低级饱和脂肪酸和高级饱和脂肪酸。低级饱和脂肪酸分子中，碳原子数在10个以下，其常温下为液态。分子中碳原子数多于10个的就是高级饱和脂肪酸，其油脂常温下为液态。脂肪酸不饱和键越多，则熔点越低，越易受化学作用，如油脂酸败、氧化、氢化作用等。

油脂可以与水作用发生水解，分解成脂肪酸和甘油。油脂的水解在油炸操作时发生。温度的上升，酸、碱、酶的存在都可以促进油脂的水解作用。人体对油脂的消化就是利用脂肪酶对脂肪水解的作用。油脂在有碱存在时，还产生皂化作用。碱与脂肪及脂肪酸作用，是用来测定油脂的两个重要指标，即皂化价和酸价。皂化价是指1g油脂完全皂化时所需氢氧化钾的毫克数。根据皂价可以推算混合油脂或脂肪酸的平均相对分子质量。酸价是指中和1g油脂中游离脂肪酸所需氢氧化钾的毫克数，它是鉴定油脂纯度、分解程度的指标。根据酸价的变化，可以推知油脂储藏的稳定性。

油脂暴露在空气中会自发进行氧化作用而产生异臭和苦味的现象称为酸败。酸败是含油食品变质的最大原因之一，因为它是自发进行的，所以不容易完全抑制。酸败的油脂其物理化学常数都有所改变，如相对密度、折光率、皂化价和酸价都增加，而碘价则趋于减少。

2. 油脂分类

（1）动物油脂

奶油和猪油是焙烤制品生产中常用的动物油。它们具有熔点高，常温下呈半固态，可塑性强，起酥性好等特点。

1）奶油：奶油又称黄油或白脱油，由牛乳经离心分离而得，其中含有80%左右乳脂肪，16%左右的水分和少量乳固体。熔点为28~34℃，凝固点为15~25℃，具有一定的硬度和良好的可塑性，适用于西式糕点裱花与保持糕点外形完整的作用。

2）猪油：猪油在常温下呈软膏状，熔点在36~42℃，色泽洁白，有特殊香气；可塑性、起酥性较好，融合性与稳定性欠佳，常用氢化处理或酯交换反应处理来提高猪油的品质。

（2）植物油脂

植物油品种较多，有花生油、芝麻油、豆油、菜籽油、棕榈油、椰子油等，除棕榈油、椰子油外，其他各种植物油均含有较多的不饱和脂肪酸。相比动物油，植物油熔点低，在常温下呈液态。其可塑性较动物油脂差，在使用量高时，易发生"走油"现象。棕榈油、椰子油却与一般植物油有不同的特点，它们的熔点相对较高，常温下呈半固态，稳定性好，不易酸败，故常作为油炸用油。

1）氢化油：液体油经氢化作用，由不饱和脂肪酸得到的饱和脂肪酸固体油为氢化油。其为白色或浅黄色，无臭无味。它的可塑性、乳化性、起酥性和稠度等优于一般油脂，是焙烤食品的理想原料。生产氢化油多采用椰子油、棉籽油、葵花油、豆油。氢化油具有较高的熔点，良好的可塑性和一定硬度，满足焙烤食品所需要的工艺性能，可以使糕点、饼干保持一定的外形，并且来源丰富、价格低廉。

2）起酥油：能在焙烤食品加工中起显著酥松作用的油脂为起酥油，是由部分氢化油和部分未经氢化的液态油配置而成的。

（3）人造奶油

人造奶油是以氢化油为主要原料，添加适量的牛乳或乳制品和色素、香料、乳化剂、防腐剂、抗氧化剂、食盐、维生素，经激烈搅拌、急速冷却结晶而成的。人造奶油内含有15%~20%的水分和3%的食盐。它的特点是熔点高，油性小，具有良好的可塑性、融合性，但其色、香、味，特别是营养价值都不及天然奶油。因价格比天然奶油便宜一半以上，同时乳化性能比奶油好，故在焙烤食品中是奶油的良好代用品。

26

（4）磷脂

磷脂即磷酸甘油酯，其分子结构中具有亲水基和疏水基，是良好的乳化剂。含油量较低的饼干，加入适量的磷脂，可以增强饼干的酥脆性，方便操作，不发生粘辊现象。

任务一　油脂酸价的测定

<难度指数> ★★★

 学习目标

1. 知识目标

（1）了解油脂酸价测定的原理。

（2）了解影响测定准确性的因素。

2. 能力目标

（1）掌握油脂酸败的测定方法和注意事项。

（2）掌握标准溶液的配制。

（3）掌握滴定操作的技术。

3. 情感态度价值观目标

（1）了解油脂酸价检验的意义。

（2）感受分工合作的乐趣和责任意识。

 任务描述

对任意一个油脂样品，按照标准要求进行采样、称量，并且按照标准要求对样品进行预处理和样品制备，采用标准溶液滴定法［参照《食用植物油卫生标准的分析方法》（GB/T 5009.37—2003）］检测油脂酸价。

任务分解

油脂酸价的测定流程如图 1-14 所示。

```
仪器检查及试剂配制
      ⇩
样品预处理、称量瓶准备
      ⇩
样品酸价含量的测定
      ⇩
  实验结果计算
```

图 1-14 油脂酸价测定流程

 知识储备

1. 酸价和酸败

酸价又名酸值，是表示油脂等物质含酸量的一种形式。油脂暴露于空气中一段时间后，在脂肪水解酶或微生物繁殖所产生的酶的作用下，部分甘油酯会分解产生游离的脂肪酸，使油脂变质酸败。新鲜的或精制品油脂中，酸价都较低，储藏或处理不当，酸价会升高。通过测定油脂中游离脂肪酸含量反映油脂新鲜程度。游离脂肪酸含量用中和 1 g 油脂所需氢氧化钾的毫克数表示。因此，酸价既是油脂的质量指标，也是其卫生指标。

2. 酸价测定的作用原理

酸价是指中和 1 g 油脂中的游离脂肪酸所需的氢氧化钾的毫克数。同一种油脂的酸价高，说明油脂因水解产生的游离脂肪酸就多。油脂中游离脂肪酸与氢氧化钾发生中和反应，反应式如下：

$$RCOOH_2 + KOH \rightarrow RCOOK + H_2O$$

从氢氧化钾标准溶液的消耗量可计算出游离脂肪酸的含量。

 实验实施

1. 实验准备

（1）仪器与设备

1）水浴锅。

2）碱式滴定管。

3）分析天平：感量 0.000 1g。

4）电热恒温干燥箱（烘箱）。

5）锥形瓶。

（2）试剂与药品

1）邻苯二甲酸氢钾。

2）酚酞指示剂：10 g/L 乙醇（95%）溶液，即 0.5 g 酚酞用 95% 乙醇定容至 50 mL。

3）氢氧化钾或氢氧化钠溶液（0.050 mol/L）：称取 2 g 氢氧化钠或氢氧化钾，加水溶解后转移至 1 000 mL 容量瓶中定容至刻度，摇匀，放置后过滤备用。配制用水为不含二氧化碳的蒸馏水。

4）乙醚-乙醇混合液：按乙醚-乙醇（2+1）混合，用氢氧化钾溶液（3 g/L）中和至酚酞指示液呈中性。

5）不含二氧化碳的蒸馏水：将水加热煮沸15 min，逐出二氧化碳。

2. 实验步骤

（1）清洗

清洗所用的仪器并烘干（110 ℃约20 min，量器不得在烘箱中烘烤）。

（2）标定

用邻苯二甲酸氢钾进行标定，反应结束后，溶液呈碱性，PH为9。滴定至溶液由无色变为浅粉色，30 s不褪色为终止。具体步骤：

1）用称量瓶称0.3～0.4 g邻苯二甲酸氢钾，烘箱中烘至恒重（105～110 ℃，40 min）。

2）恒重判定：连续两次干燥或炙灼前后质量差小于0.3 mg，如前次称量为1 g的试样，后一次烘后再称得的质量与前面相比之差应不到0.3 mg）。

3）恒重后取出，加50 mL蒸馏水使其溶解（至澄清透明）。

4）在2）步骤中滴2滴酚酞指示剂，用待标定的氢氧化钾或氢氧化钠溶液滴定至微红色，30 s不褪色（注意滴定管读数和使用方法），记下氢氧化钾或氢氧化钠消耗体积（碱管中为氢氧化钾或氢氧化钠，锥形瓶中为邻苯二甲酸氢钾），（约使用15 mL左右的KOH）。

计算：

$$c(KOH) = \frac{m(KHC_8H_4O_4)}{V(KOH) \times M(KHC_8H_4O_4)}$$

式中　c——KOH准确浓度（mol/L）；

　　　m——邻苯二甲酸氢钾质量（g）；

$V(KOH)$——消耗KOH体积（mL）；

　M——邻苯二甲酸氢钾摩尔质量204 g/mol。

注：配好的溶液要用棕色瓶存储，橡皮塞塞紧。

（3）样品测定

1）乙醚与95%乙醇混合液（用于溶解油脂）的处理（除去其中有可能存在的油脂杂质的影响）：以体积比2:1混合，每100 mL混合溶剂中加入0.3 mL指示剂，并且用前面标定过的KOH乙醇（95%）溶液中和，至指示剂终点（无色变为粉色）。注意：中和过程中溶液所用量很少，逐滴加入（可能就1滴）。

2）称取3.00～5.00 g混匀的试样置于锥形瓶中，加入50 mL中性乙醚-乙醇混合液，振摇使油溶解，必要时可置热水中，温热促其溶解，冷至室温，加入酚酞指示液2～3滴，以氢氧化钾标准滴定溶液滴定，至初现微红色，并且0.5 min内不褪色为终点。

3. 结果计算

$$X = \frac{V \times c \times 56.11}{m}$$

式中　X——试样的酸价（以氢氧化钾计，mg/g）；

　　　V——KOH乙醇（95%）标准液体积（mL）；

　　　c——KOH乙醇（95%）标准液准确浓度（mol/L）；

m——试样质量（g）；

56.11——与1.0 mL氢氧化钾标准滴定溶液相当的氢氧化钾毫克数。

计算结果保留2位有效数字。

 知识扩展

油质酸败的作用机制：

（1）水解酸败

在适当条件下，油脂与水反应生成甘油和脂肪酸的反应叫水解反应。这个反应是分步进行的，先水解生成甘油二酰酯，再水解生成甘油一酰酯，最后水解成甘油。

水解本身对食品脂肪的营养价值无明显影响，其唯一的变化是将甘油和脂肪酸分子裂开，重要的是所产生的游离脂肪酸可产生不良气味，影响食品的感官。

（2）氧化酸败（油脂的自动氧化）

油脂的自动氧化是指油脂和空气中的氧在室温下未经任何直接光照和未加任何催化剂等条件下的完全自发的氧化反应，随反应进行，其中间状态及初级产物又能加快其反应速度，故又称自动催化氧化。

脂类物质和氧气反应，生成氢过氧化物和自由基，诱发自动氧化反应，如此循环，最后由游离基碰撞生成的聚合物形成了低分子产物醛、酮、酸和醇等物质，会破坏脂溶性维生素，导致肠胃不适、腹泻并损害肝脏。

任务二　油脂过氧化值的测定

<难度指数> ★★★

 学习目标

1. 知识目标

（1）了解油脂过氧化值测定的原理。

（2）了解影响测定准确性的因素。

2. 能力目标

（1）掌握油脂过氧化值测定操作技术和注意事项。

（2）掌握标准溶液的配制。

（3）通过实验掌握油脂过氧化值的计算方法。

3. 情感态度价值观目标

（1）了解油脂中过氧化值检验对食品安全的意义。

（2）感受油脂质量变化。

 任务描述

对任意一个油脂样品，按照标准要求进行采样、称量，并且按照标准要求对样品进行预处理和样品制备，采用滴定法［参照《动植物油脂过氧化值测定》（GB/T 5538—2005）］检测动植物油脂样品过氧化值。

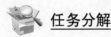

 任务分解

油脂过氧化值测定流程如图1-15所示。

仪器检查及试剂配制
⇓
样品预处理
⇓
油脂过氧化值的测定
⇓
实验结果计算

图1-15　油脂过氧化值测定流程

知识储备

1. 油脂过氧化值测定的意义

油脂与空气中的氧发生氧化作用所产生的过氧化物是油脂自动氧化的初期产物，它具有高度活性，能迅速继续变化，使油脂分解，致使油脂劣变。过氧化值是评定油脂储藏稳定性的指标之一，也是衡量油脂酸败程度的指标。一般来说，过氧化值越高其酸败就越厉害。油脂氧化酸败产生的一些小分子物质在体内对人体产生不良的影响，如产生自由基，所以过氧化值太高的油对食用者身体不好。

2. 油脂过氧化值测定的原理

油脂氧化后产生过氧化物，与碘作用生成游离碘，以硫代硫酸钠滴定，根据消耗硫代硫酸钠的量，计算出油脂的过氧化值。

3. 油脂的分类

油脂是焙烤食品的主要原料之一，有的糕点用油量高达50%，油脂不仅为制品添加了风味，改善了制品的结构、外形和色泽，也提高了营养价值，而且是油炸糕点的加热介质。

焙烤食品用油脂根据其不同的来源，一般可分为动物油、植物油和混合油3种。

（1）动物油

经常使用的动物油有奶油、猪油、牛羊油等。奶油又称黄油、白脱油，具有特殊的天然且醇正的芳香味道，具有良好的起酥性、乳化性和一定的可塑性，是制作传统西点使用的主要油脂。奶油可以分为含水和无水两种，含水的奶油含80%～85%的乳脂肪，另外，有16%左右是水分和色素等，大多用于涂抹面包。为了经济起见，最好采用无水奶油，奶油和糖一起搅打膨松作支撑的奶油膏是焙烤食品特别是西点常用的装饰料。商品奶油有含盐和无盐两种，奶油膏最好使用无盐奶油。

猪油具有良好的起酥性和乳化性，但不如奶油和人造奶油，并且可塑性与稳定性差，猪油经精制脱臭、脱色后，可用于中式糕点和面包内，或者加在派的酥皮中，因为猪油可使制品有松和酥的性质，在西点制作中不宜用于蛋糕和小西点中，主要用于制作咸酥点心（如肉馅饼等）。牛羊油具有较好的可塑性和起酥性，但熔点高，不易消化，西点中多用于布丁类点心制作，炼油时如采用熔点低的部分，或者与其他熔点较低的植物油混合炼制，可适于蛋糕与西点的制作。

30

（2）植物油

植物油广泛用于中式糕点的加工，某些植物油还具有特殊的用途。例如，芝麻油能够赋予制品特殊的芳香，在西点加工中因为植物油大多为流质的，起酥性和搅打发泡能力差，除了部分蛋糕（戚风类）、部分西点（奶油空心饼、小西饼）等外，大部分都使用固体油脂。植物油一般多为煎炸用油，如炸面包圈、煎饼等。如果将植物油进行氢化处理，加工成起酥油或人造奶油，其加工性能会得到很大改善。

人造奶油用途很广，在蛋糕、西点、小西饼等中用量也较大，一般人造奶油含有 $80\%\sim85\%$ 的油，其余 $15\%\sim20\%$ 为水分、盐、香料等，使用时一定要考虑其组成，并且相应调整配比。氢化油中添加乳化剂就成为乳化液，是制作高成分蛋糕和奶油霜饰料不可缺少的一种油脂。

（3）混合油

以几种不同的原料油经脱色和脱臭后混合处理制成以上各种氢化油、乳化油、人造奶油等。例如，以低熔点的牛油与其他动物、植物油混合制成高熔点的起酥人造奶油，可作为松饼、蛋白面包专用油脂。

 实验实施

1. 实验准备

（1）仪器与设备

1）碘价瓶：250 mL。

2）微量滴定管。

3）量筒：5 mL,50 mL。

4）分析天平：感量 0.000 1 g。

（2）试剂与药品

1）三氯甲烷-冰乙酸混合液：取三氯甲烷 40 mL 加冰乙酸 60 mL 混匀。

2）饱和碘化钾溶液：取碘化钾 10 g，加入水 5 mL，储于棕色瓶中。

3）硫代硫酸钠标准溶液：0.01 mol/L，吸取 0.1 mol/L 硫代硫酸钠溶液 10 mL，注入 100 mL 容量瓶中加水至刻度。

4）淀粉指示剂：5 g/mL。

2. 实验步骤

称取混匀、过滤的试样 2~3 g，注入 250 mL 碘价瓶中，加入三氯甲烷-冰乙酸混合液 30 mL，立即振动使试样溶解，加饱和碘化钾溶液 1 mL，加塞摇匀，在暗处放置 3 min。加水 50 mL，摇匀后立即用 0.01 mol/L 硫代硫酸钠标准溶液滴定至浅黄色时，加淀粉指示剂 1 mL，继续滴定至蓝色消失为止。同时做空白实验。

3. 结果计算

$$X = \frac{(V_1 - V_2) \times c}{2m} \times 1\ 000$$

式中　X——过氧化值（mmol/kg）；

V_1——试样用去的硫代硫酸钠溶液体积（mL）；

V_2——空白消耗的硫代硫酸钠溶液体积（mL）；

m——试样质量(g)。

双试样结果允许误差不超过 0.4 mmol/kg,求其平均值即为测定结果。结果取小数点后2位。

 知识扩展

注意事项:

(1) 加入碘化钾后,静置时间长短及加水量的多少,对测定结果均有影响。

(2) 过氧化值过低时,可使用 0.005 mol/L 的硫代硫酸钠标准液滴定。

任务三 食用氢化油、人造奶油中水分含量的测定

<难度指数> ★★★

 学习目标

1. 知识目标

(1) 了解食用氢化油、人造奶油中水分含量测定的原理(减压干燥法)。

(2) 了解影响测定准确性的因素。

2. 能力目标

(1) 掌握食用氢化油、人造奶油水分含量测定操作技术和注意事项。

(2) 通过实验掌握水分含量的计算方法。

3. 情感态度价值观目标

(1) 了解水分含量测定意义。

(2) 通过完成本任务,逐步养成严谨、一丝不苟的科学习惯。

 任务描述

对任意一个食用氢化油、人造奶油样品,按照标准要求进行采样、称量,并且按照标准要求对样品进行预处理和样品制备,采用减压干燥法[参照《食用氢化油、人造奶油卫生标准的分析方法》(GB/T 5009.3—2003)]检测食用氢化油、人造奶油水分含量。

 任务分解

食用氢化油、人造奶油中水分含量的测定流程如图 1-16 所示。

仪器检查
⇩
样品预处理、称量瓶准备
⇩
食用氢化油、人造奶油水分含量的测定
⇩
实验结果计算

图 1-16 食用氢化油、人造奶油中水分含量的测定流程

32

知识储备

用减压干燥法测定水分是指利用食品中水分的物理性质，在达到 40 ~ 53 kPa 压力后加热至 60 ℃ ±5 ℃，采用减压烘干方法去除试样中的水分，再通过烘干前后的称量数值计算出水分的含量。

 实验实施

1. 实验准备

1）真空干燥箱。

2）扁形铝制或玻璃制称量瓶

3）干燥器：内附有效干燥剂。

4）天平：感量 0.000 1 g。

2. 实验步骤

取已恒重的称量瓶称取约 2 ~ 10 g(精确至 0.000 1 g)试样，放入真空干燥箱内，将真空干燥箱连接真空泵，抽出真空干燥箱内空气(所需压力一般为 40 ~ 53 kPa)，并且同时加热至所需温度 60 ℃ ±5 ℃。关闭真空泵上的活塞，停止抽气，使真空干燥箱内保持一定的温度和压力，经 4 h 后，打开活塞，使空气经干燥装置缓缓通入真空干燥箱内，待压力恢复正常后再打开。取出称量瓶，放入干燥器中 0.5 h 后称量，并且重复以上操作至前后两次质量差不超过 2 mg，即为恒重。

3. 结果计算

$$X = \frac{m_1 - m_2}{m_1 - m_3} \times 100$$

式中　X——试样中水分的含量(g/100 g)；

　　　m_1——称量瓶(加海砂、玻棒)和试样的质量(g)；

　　　m_2——称量瓶(加海砂、玻棒)和试样干燥后的质量(g)；

　　　m_3——称量瓶(加海砂、玻棒)的质量(g)。

水分含量 ≥1 g/100 g 时，计算结果保留 3 位有效数字；水分含量 <1 g/100 g 时，结果保留 2 位有效数字。

4. 精密度

在重复性条件下获得的两次独立测定结果的绝对差值不得超过算术平均值的 10%。

 知识扩展

（1）此法为减压干燥法，减压后，水的沸点降低，可以在较低温度下使水分蒸发干净。由于采用较低的蒸发温度，可防止样品中的脂肪在高温下氧化，可防止含糖高的样品在高温下脱水炭化，也可防止含高温易分解成分的样品在高温下分解。

（2）本法一般选择压力为 40 ~ 53 kPa，选择温度为 60 ℃ ±5 ℃。但实际应用则可根据样品性质及干燥箱耐压能力的不同调整压力和温度。

任务四 食用氢化油、人造奶油中脂肪含量的测定

<难度指数> ★★

 学习目标

1. 知识目标

（1）了解食用氢化油、人造奶油中脂肪含量的测定意义和原理。

（2）了解影响测定准确性的因素。

2. 能力目标

（1）掌握减差法的操作技术和注意事项。

（2）通过实验掌握脂肪含量的计算方法。

3. 情感态度价值观目标

（1）了解脂肪含量检验的意义。

（2）通过自学了解实验室使用乙醚的注意事项。

 任务描述

对任意一个食用氢化油、人造奶油样品，按照标准要求进行采样、称量，并且按照标准要求对样品进行预处理和样品制备，采用减差法[参照《食用氢化油、人造奶油卫生标准的分析方法》（GB/T 5009.77—2010）]检测样品中脂肪含量。

 任务分解

食用氢化油、人造奶油中脂肪含量测定流程如图 1-17 所示。

```
┌──────────┐
│ 仪器检查 │
└──────────┘
     ↓
┌──────────┐
│ 样品预处理 │
└──────────┘
     ↓
┌──────────────────────────────┐
│ 食用氢化油、人造奶油样品脂肪含量的测定 │
└──────────────────────────────┘
     ↓
┌──────────┐
│ 实验结果计算 │
└──────────┘
```

图 1-17 食用氢化油、人造奶油中脂肪含量测定流程

 知识储备

减差法的原理是取测定水分后的试样，用乙醚提取其中的脂肪，由残渣含量求得脂肪量。

 实验实施

1. 实验准备

（1）仪器与设备

1）电热干燥箱。

2）3 号砂芯漏斗。

3）抽滤瓶。

4）干燥器。

（2）试剂与药品

分析乙醚。

2. 实验步骤

取测水分后已恒重的试样，加 10 mL 乙醚，用玻璃搅拌，使脂肪溶解，然后抽滤于预先恒重的砂芯漏斗中，再用 100 mL 乙醚分数次洗涤蒸发皿内的残渣，并且全部转入砂芯漏斗中，抽滤干净，将砂芯漏斗置于 100～105 ℃干燥箱内烘烤 2 h 后冷却，称至恒重。

3. 结果计算

$$X = 100 - X_1 - \frac{m_1 - m_2}{m} \times 100$$

式中　X——人造奶油中脂肪含量（g/100 g）；

　　　X_1——人造奶油中水分含量（g/100 g）；

　　　m_1——抽滤后砂芯漏斗质量（g）；

　　　m_2——抽滤前砂芯漏斗质量（g）；

　　　m——取样质量（g）。

如试样为加糖人造奶油时，则要采用索氏抽提法执行。

任务五　食用氢化油、人造奶油中氯化钠含量的测定

<难度指数> ★★

 学习目标

1. 知识目标

（1）了解食用氢化油、人造奶油中氯化钠含量测定的原理。

（2）了解影响测定准确性的因素。

2. 能力目标

（1）掌握滴定法的操作技术和注意事项。

（2）掌握标准溶液的配制方法。

（3）通过实验掌握氯化钠含量的计算方法，能够书写检验报告。

3. 情感态度价值观目标

（1）了解食用氢化油、人造奶油中氯化钠含量测定的意义。

（2）感受精密仪器检验食品添加剂的精准性。

 任务描述

对任意一个食用氢化油、人造奶油样品，按照标准要求进行采样、称量，并且按照标准要求对样品进行预处理和样品制备，采用滴定法［参照《人造奶油、（人造黄油）》（LS/T 3217—1987）］检测食用氢化油、人造奶油中氯化钠含量。

35

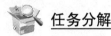 **任务分解**

食用氢化油、人造奶油中氯化钠含量测定流程如图 1-18 所示。

```
仪器检查及试剂配制
        ⇩
     样品预处理
        ⇩
食用氢化油、人造奶油中氯化钠含量的测定
        ⇩
     实验结果计算
```

图 1-18　食用氢化油、人造奶油中氯化钠含量测定流程

 知识储备

1. 人造奶油概述

人造奶油是指精制食用油添加水及其他辅料，经乳化、急冷捏合成具有天然奶油特色的可塑性制品。

2. 人造奶油中氯化钠含量的测定的原理

样品经处理后，以铬酸钾为指示剂（摩尔法），用硝酸银标准滴定溶液滴定试液中的氯化钠，根据硝酸银标准滴定溶液的消耗量，计算食品氯化钠的含量。

 实验实施

1. 实验准备

（1）仪器与设备

1）锥形瓶：250 mL。

2）滴定管：25 mL 或 50 mL，分度值 0.1 mL。

3）分液翻斗：250 mL 或 500 mL。

4）电炉：500 W。

（2）试剂与药品

1）铬酸钾指示剂：10% 铬酸钾水溶液。

2）硝酸银标准溶液：0.1 mol/L。

2. 实验步骤

精确称取 10 g 左右混匀样品，置于分液漏斗中，用热水充分洗涤 5~8 次，将洗涤水收集在一个 250 mL 锥形瓶内，以 10% 铬酸钾为指示剂，用 0.1 mol/L 硝酸银标准溶液滴定至初现橘红色为止。

3. 结果计算

$$X(\%) = \frac{V \times N \times 0.058\,5}{W} \times 100$$

式中　$X(\%)$——氯化钠含量（以重量百分浓度表示）；

　　　V——滴定消耗硝酸银标准溶液的体积（mL）；

N——硝酸银标准液的当量浓度（mol/mL）；

　　W——样品质量（g）；

　0.058 5——1 mol/L 硝酸银标准液 1 mL 相当于氯化钠的克数（g）。

双实验结果允许差不超过 0.20%。测定结果取小数点后第 1 位。

<h3 style="text-align:center">任务七　人造奶油中水分及挥发物测定</h3>

＜难度指数＞★★

 学习目标

1. 知识目标

（1）了解人造奶油的概念。

（2）了解人造奶油水分及挥发物测定的意义。

2. 能力目标

（1）能够正确使用电热干燥箱、电炉等。

（2）能够按要求对样品进行正确的预处理及检测。

3. 情感态度价值观目标

（1）了解人造奶油中水分及挥发物测定的原理。

（2）体会人造奶油中水分及挥发物对奶油品质的影响。

 任务描述

　　对任意一个人造奶油样品，按照标准要求进行采样、称量，并且按照标准要求对样品进行预处理和样品制备［参照《人造奶油、（人造黄油）》（LS/T 3217—1987）］检测人造奶油样品的水分及挥发物含量，判定人造奶油品质。

 任务分解

　　人造奶油中水分及挥发物测定流程如图 1-19 所示。

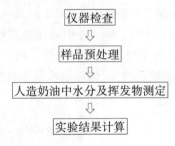

图 1-19　人造奶油中水分及挥发物测定流程

 知识储备

　　人造奶油作为奶油的代用品，产生于 19 世纪末，当时由于爆发普法战争而造成了奶油的缺乏，人们寻找便宜的替代品，当时，法国的科学家梅吉·穆里斯（Mege Mourier）把牛油的软质部分分离出来，加入牛奶并乳化后得到了类似奶油的物质。此后，人造奶油发展

37

起来。现在的人造奶油在性能上比最初有了更大的进步，因此在焙烤行业应用广泛。其主要原料包括植物油脂、动物油脂、水分、食盐、乳化剂、乳、合成色素、香味剂等。

各国对人造奶油的最高含水量的规定，以及奶油与其他脂肪混合的程度存在差别。

（1）国际标准案的定义

人造奶油是可塑性的或液体乳化状食品，主要是油包水型（W/O），原则上是由食用油脂加工而成的。

（2）中国专业标准定义

人造奶油系指精制食用油添加水及其他辅料，经乳化、急冷捏合成具有天然奶油特色的可塑性制品。

（3）日本农林标准定义

人造奶油是指在食用油脂中添加水等乳化后急冷捏合，或者不经急冷捏合加工出来的具有可塑性或流动性的油脂制品。

 实验实施

1. 实验准备

（1）仪器与设备

1）电热干燥箱。

2）备有变色硅胶的干燥器。

3）分析天平：感量 0.000 1 g。

4）平底玻璃皿：直径 50 ~ 60 mm，高 20 ~ 30 mm。

5）玻璃棒：直径 5 mm，长 60 ~ 70 mm。

（2）试剂与药品

石英砂：化学纯或分析纯，外观白净。

2. 实验步骤

在平底玻璃皿内置短玻璃棒 1 支及 10 ~ 15g 石英砂，以 105 ℃ ±2 ℃烘至恒重（约 1.5 h），于玻璃皿内加入 2 ~ 3 g 试样（准确至 0.000 2 g）放入电热干燥箱内 5 min，待样品熔化后用玻璃棒与石英砂搅拌均匀后计时，隔一小时再用玻瑞棒搅拌一次。在 105 ℃ ±2 ℃的电热干燥箱内约供 2 ~ 2.5 h 后，在干燥器内冷却称重，然后置上述干燥箱每烘 30 min 冷却称重一次，直至恒重为止（如发现重且增加,则以前次最小重值为准）。

3. 结果计算

$$X(\%) = \frac{G_1 - G_2}{W} \times 100$$

式中　G_1——干燥前玻璃皿、玻璃棒、石英砂及试样重（g）；

　　　G_2——干燥后玻璃皿、玻璃棒、石英砂及试样重（g）；

　　　W——试样重（g）。

双实验结果允许误差不超过 0.20%，测定结果取小数点后 2 位。

任务八　大豆油冷冻实验

<难度指数> ★★

 学习目标

1. 知识目标

（1）了解大豆油测定的原理。

（2）掌握实验的注意事项。

2. 能力目标

能够正确进行实验操作。

3. 情感态度价值观目标

了解大豆油测定实验的意义。

 任务描述

对任意一个大豆油样品，按照标准要求进行采样、称量，并且进行大豆油冷冻实验［参照《色拉油通用技术条件》（GB/T 17756—1999）］，判定大豆油的质量及酸败程度。

 任务分解

大豆油冷冻实验流程如图 1-20 所示。

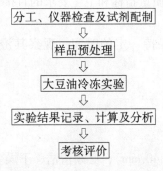

图 1-20　大豆油冷冻实验流程

 知识储备

1. 植物油概述

焙烤食品中常用的植物油有大豆油、芝麻油、葵花籽油、花生油等，它们的特点是不饱和脂肪酸含量较高，营养价值高于动物油脂，但碘价也高，因此氧化稳定性差，容易酸败变质。另一方面，由于植物油的固体成分含量少，常温下呈液态，可塑性极差，起酥功能及充气功能都不如动物油脂或固体油脂。

2. 大豆油概述

大豆油的色泽较深，有特殊的豆腥味；热稳定性较差，加热时会产生较多的泡沫。大豆油含有较多的亚麻油酸，较易氧化变质并产生"豆臭味"。从食用品质看，大豆油不如芝麻油、葵花籽油、花生油。从营养价值看，大豆油中含棕榈酸 7%～10%，硬脂酸 2%～5%，花生酸 1%～3%，油酸 22%～30%，亚油酸 50%～60%，亚麻油酸 5%～9%。大豆油的脂肪

39

酸构成较好，它含有丰富的亚油酸，有显著降低血清胆固醇含量，预防心血管疾病的功效。大豆中还含有多量的维生素 E、维生素 D 及丰富的卵磷脂，对人体健康均非常有益。另外，大豆油的人体消化吸收率高达 98%，所以大豆油也是一种营养价值很高的优良食用油。大豆油(Soybean Oil)，系由豆科植物大豆(Glycine soya Bentham)的种子提炼制成的脂肪油。本品为浅黄色的澄明液体，无臭或几乎无臭，味温淡。本品可与乙醚或三氯甲烷混溶，在乙醇中极微溶，在水中几乎不溶。大豆油的相对密度应为 0.916 ~ 0.922，折光率应为 1.472 ~ 1.476。压榨成品大豆油的酸值应不大于 3.0 mg/g，其中一级压榨成品油酸值应不大于 0.2 mg/g，过氧化值应不大于 6.0 mmol/kg。

3. 大豆油分类

（1）压榨大豆油

大豆经直接压榨制取的油。

（2）浸出大豆油

大豆经浸出工艺制取的油。

（3）转基因大豆油

用转基因大豆制取的油。

（4）大豆原油

未经任何处理的不能直接供人类食用的大豆油。

（5）成品大豆油

经处理符合国家标准成品油质量指标和卫生要求的直接供人类食用的大豆油。

4. 冷冻试验

油样置于 0 ℃ 恒温条件下保持一定的时间，观察其澄清度。国标要求，大豆油冷冻 5.5 h，保持澄清透明。

实验实施

1. 实验准备

1）油样瓶：115 mL(直径约 40 mm)，必须清洁、干燥。

2）0 ℃ 冰水浴：容积约为 2 L(高约 250 mm)，内装碎冰块的桶。

3）温度计：-10 ~ 50 ℃。

4）软木塞和石蜡(封口用)。

2. 实验步骤

将混合均匀的油样(200 ~ 300 mL)加热至 130 ℃ 时，立即停止加热，并且趁热过滤。将过滤油注入油样瓶中，用软木塞塞紧，冷却至 25 ℃，用石蜡封口。然后将油样瓶浸入 0 ℃ 的冰水浴中，用冰水覆盖，使冰水浴保持在 0 ℃(为使保持在 0 ℃ 可随时补充冰块)。放置 5.5 h 后取出油样瓶并仔细观察脂肪结晶或絮状物。通过试验，合格样品必须澄清、透明(注意切勿错误地认为分散在样品中细小的空气泡是脂肪结晶)。

3. 注意事项

（1）预先热处理的目的是除去微量的水分，并且破坏可能出现的结晶核。因为两者都会影响试验，会带来絮状物或过早的结晶。

（2）如果需要延长冷冻试验时间，可在 5.5 h 后，将油样瓶继续放入冰水浴中，根据需要时间，再取出观察。观察后油样瓶尽快放回冰水浴，以防止温度上升。

任务九　食用猪油中丙二醛的测定

<难度指数> ★ ★ ★

 学习目标

1. 知识目标

（1）了解猪油中丙二醛测定的原理。

（2）掌握猪油中丙二醛含量测定的方法和注意事项。

2. 能力目标

（1）能够正确操作恒温水浴锅、紫外分光光度计。

（2）能够正确配制溶液，并且按要求对样品进行正确的预处理。

（3）通过标准曲线绘制掌握标准曲线法及样品中丙二醛含量的计算方法。

3. 情感态度价值观目标

（1）了解猪油中丙二醛含量对猪油品质的影响。

（2）感受实验操作精确度对结果准确性的影响。

 任务描述

对任意一个食用猪油样品，按照标准要求进行采样、称量，并且按照标准要求对样品进行预处理和样品制备［参照《猪油中丙二醛的测定》（GB/T 5009.181—2003）］检测猪油样品的丙二醛含量，判定猪油的质量及酸败程度。

 任务分解

食用猪油中丙二醛测定流程如图 1-21 所示。

仪器检查及试剂配制
⇩
样品预处理
⇩
猪油中丙二醛的测定
⇩
实验结果计算

图 1-21　食用猪油中丙二醛测定流程

 知识储备

1. 丙二醛的概念

丙二醛是脂质过氧化物的分解产物，猪油受到光、热、空气中氧的作用，发生酸败反应，分解出醛、酸等化合物。丙二醛就是其中的一种分解产物，它在新鲜的油中含量很少，当油脂因自动氧化发生变质时，其丙二醛类物质的含量则显著升高，所以它是一个反映油脂

41

变质程度的指标。

丙二醛具有既溶于油又可溶于水的特性，它是一种危害人体健康的物质。丙二醛进入人体后，可影响体内氧化还原酶系统的效应，从而引发短暂性脑缺氧和产生头晕、恶心、无食欲表现。

2. 丙二醛的测定原理

丙二醛能与硫代巴比妥酸(TBA)作用生成粉红色化合物，在538 nm波长处有吸收高峰。本实验即利用此性质测出丙二醛含量，从而推导出猪油酸败的程度。

实验实施

1. 实验准备

（1）仪器与设备

1）恒温水浴锅。

2）离心机：2 000 r/min。

3）72 型分光光度计。

4）有盖锥形瓶：100 mL。

5）纳氏比色管：25 mL。

6）试管：100 mm×13 mm。

7）定性滤纸。

（2）试剂与药品

1）硫代巴比妥酸：准确称取硫代巴比妥酸(TBA)0.288 g溶于水中，稀释至100 mL(若TBA不易溶解，可加热至全溶澄清，然后再稀释)，相当于0.02 mol/L。

2）三氯乙酸混合液：准确称取三氯乙酸7.5 g及0.1 gEDTA(乙二胺四乙酸钠)用水溶解，稀释至100 mL。

3）丙二醛标准储备液：准确称取1,1,3,3-四乙氧基丙烷(E. Mesck 97%)0.315 g，溶解后稀释至1 000 mL(相当于每毫升含丙二醛100 μg)，置冰箱保存。

4）丙二醛标准使用液：精确移取上述储备液10 mL稀释至100 mL(相当于每毫升含丙二醛10 μg)置冰箱备用。

5）三氯甲烷。

2. 实验步骤

（1）试剂处理

准确称取在70 ℃水浴锅上熔化均匀的猪油液10 g，置于100 mL有盖锥形瓶内，加入50 mL三氯乙酸混合液，振摇0.5 h(保持猪油熔融状态，如冷结即在70 ℃水浴上略微加热使之熔化后继续振摇)，用双层滤纸过滤，除去油脂、滤渣，重复用双层滤纸过滤一次。

（2）测定

准确移取上述滤液5 mL置于25 mL纳氏比色管内，加入5 mL TBA溶液，混匀，加塞，置于90 ℃水浴内保温40 min，取出，冷却1 h，移入小试管内，离心5 min，上清液倾入25 mL的纳氏比色管内，加入5 mL三氯甲烷，摇匀，静止，分层，吸出上清液于538 nm波长处比色(同时做空白实验)。

（3）标准曲线绘制

用含量分别为 1 μg、2 μg、3 μg、4 μg、5 μg 的丙二醛标准溶液作上述步骤处理，根据浓度与吸光度关系作标准曲线。

3. 结果计算

$$丙二醛的含量（mg\%）=\frac{A}{10}$$

式中　A——猪油的相应浓度。

项目三 糖和糖浆的检验

 项目概述

1. 糖和糖浆概述

在焙烤食品加工中，除了面粉和盐之外，糖是使用最多的一种材料，它除了使焙烤食品具有甜味之外，还对面团的理化性质有各种不同的影响。一般糖的来源有甜菜、甘蔗榨取而来的蔗糖，由蔗糖水解而成的转化糖（浆），由淀粉经水解而来的葡萄糖粉、葡萄糖浆，由碎米玉米淀粉等麦芽糖制成的饴糖，还有蜂蜜饴糖等。

（1）白砂糖

白砂糖简称砂糖，是从甘蔗或甜菜中提取糖汁，经过滤、沉淀、蒸发、结晶、脱色和干燥等工艺而制成的。白砂糖为白色粒状晶体，纯度高，蔗糖含量在99%以上，按其晶粒大小又分为粗砂、中砂和细砂。

（2）绵白糖

绵白糖也称白糖。它是用细粒的白砂糖加上适量的转化糖浆加工而成的。绵白糖质地细软、色泽洁白、甜而有光泽，其中蔗糖的含量在97%以上。

绵白糖简称绵糖，也叫白糖，是我国人民比较喜欢的一种食用糖。它质地绵软、细腻，结晶颗粒细小，并且在生产过程中喷入了2.5%左右的转化糖浆。绵白糖的颗粒小，水分多，吃到嘴里就溶化，在单位面积舌部的味蕾上糖分浓度高，味觉感到的甜度大。绵白糖按技术要求的规定分为精制、优级、一级3个级别，其主要感官、理化要求如下：

感官要求：晶粒细小、均匀，颜色洁白，质地绵软；晶体或其水溶液味甜、无异味；产品的水溶液清澈、透明；精制级别每平方米表面积内长度大于0.2 mm的黑点数量不多于12个，其他级别不多于16个。

理化要求：绵白糖的各项理化指标见表1-2。

表1-2 绵白糖的各项理化指标

项 目	指 标		
	精制	优级	一级
总糖分(%)	98.40	97.95	97.92
还原糖分(%)	1.5~2.5	1.5~2.5	1.5~2.5
干燥失重(%)	0.80~1.60	0.80~2.00	0.80~2.00
电导灰分(%)	0.03	0.05	0.08
色值/IU	30	80	120
粒度/mm	0.30	0.35	0.40
浑浊度/度	4	7	10
不溶于水杂质/(mg/kg)	20	40	50

44

（3）糖粉

糖粉是蔗糖的再制品，为纯白色的粉状物，味道与蔗糖相同。

（4）赤砂糖

赤砂糖也称红糖，是未经脱色精制的砂糖，纯度低于白砂糖。赤砂糖呈黄褐色或红褐色，颗粒表面粘有少量的糖蜜，可以用于普通面包中。

（5）蜂蜜

蜂蜜又称蜜糖、白蜜、石饴、白沙蜜，根据其采集季节不同有冬蜜、夏蜜、春蜜之分，其中以冬蜜最好。若根据其采花不同，又可分为枣花蜜、荆花蜜、槐花蜜、梨花蜜、葵花蜜、荞麦花蜜、紫云花蜜、荔枝花蜜等，其中以枣花蜜、紫云花蜜、荔枝花蜜质量较好，含有大量的果糖和葡萄糖，味甜且富有花朵的芬芳。

（6）糖浆

糖浆主要有转化糖浆、淀粉糖浆和果葡糖浆。转化糖浆是砂糖加水和加酸熬制而成的；淀粉糖浆又称葡萄糖浆等，通常是指使用玉米淀粉加酸或酶水解，经脱色、浓缩而成的黏稠液体；而果葡糖浆是一种新发展起来的淀粉糖浆，其甜度与蔗糖相等或超过蔗糖，因为其糖分为果糖与葡萄糖，所以称为果葡糖浆。

糖浆是通过煮或其他技术制成的、黏稠的、含高浓度的糖的溶液。制造糖浆的原材料可以是糖水、甘蔗汁、果汁或其他植物汁等。由于糖浆含糖量非常高，所以在密封状态下不需要冷藏也可以保存比较长的时间。糖浆可以用来调制饮料或做甜食。

葡萄糖浆是以淀粉或淀粉质为原料，经全酶法、酸法、酶酸法或酸酶法水解、精制而得的含有葡萄糖的混合糖浆，在焙烤食品中经常用到。按 DE 值可以将产品分为三类：低 DE 值产品，中 DE 值产品，高 DE 值产品。葡萄糖浆的感官要求与理化指标见表 1-3 和表 1-4。

表1-3 葡萄糖浆的感官要求

项 目	要 求
外观	呈黏稠状液体、无肉眼可见杂质
色泽	无色或微黄色、清亮透明
香气和滋味	甜味温和、无异味

表1-4 葡萄糖浆的理化指标

项 目	要 求		
	低 DE 值	中 DE 值	高 DE 值
DE 值	20%＜DE 值≤41%	41%＜DE 值≤60%	DE 值＞60%
干物质(固形物)(%)	≥50%		
pH	4.0～6.0		
透射比(%)	≥95	≥98	
熬糖温度/℃	≥105	≥130	≥155
蛋白质(%)	≤0.10		
硫酸灰分(%)	≤0.3		

45

（7）饴糖

饴糖又称麦芽糖浆，是以谷物为原料，利用淀粉酶或大麦芽，把淀粉水解为糊精、麦芽糖及少量葡萄糖制得的。饴糖色泽浅黄而透明，能代替蔗糖使用。

2. 糖、糖浆在面包制品中的作用

（1）改善面包制品的形态、色泽和风味

糖在面包中起到骨架的作用，能改善组织状态，使外形挺拔。由于糖的焦糖化作用和美拉德反应，可使面包在烘焙时形成金黄色或棕黄色表皮和良好的烘焙香味。利用砂糖粒晶莹闪亮的质感、糖粉的洁白如霜，撒在制品表面起到装饰美化制品作用。

（2）促进面包面团发酵

糖作为酵母发酵的主要能量来源，有助于酵母的繁殖。在面包生产中加入一定量的糖，可促进面团的发酵。但也不宜过多，如点心面包的加糖量不超过面粉量的20%～25%，否则会抑制酵母的生长，延长发酵时间。

（3）改良面包面团的物理性质

糖在面团搅拌过程中起反水化作用，调节面筋的胀润度，增加面团的可塑性，使制品外形美观、花纹清晰，并且还能防止制品收缩变形。正常用量的糖对面团吸水率影响不大，但随着糖量的增加，糖的反水化作用也越强烈，面团的吸水率降低，搅拌时间延长。

（4）提高面包的营养价值

糖的营养价值主要体现在它的发热量上。100 g糖能在人体中产生400 kcal的热量。糖极易被人体吸收，可有效减轻人体的疲劳，补充人体的代谢需要。

任务一　绵白糖干燥失重的测定

＜难度指数＞★★

 学习目标

1. 知识目标

（1）了解绵白糖干燥失重的原理。

（2）了解影响测定准确性的因素。

2. 能力目标

掌握直接干燥法的操作技术和注意事项。

3. 情感态度价值观目标

了解绵白糖干燥失重的意义。

 任务描述

对任意一个绵白糖样品，按照标准要求进行采样、称量，并且按照标准要求对样品进行预处理和样品制备，将样品在一定温度及真空度的条件下进行干燥后称量，根据干燥前后样品失去的质量计算出样品的干燥失重［参照《绵白糖》（GB 1445—2000）］。

 任务分解

绵白糖干燥失重测定流程如图1-22所示。

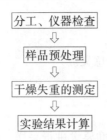

图 1-22　绵白糖干燥失重测定流程

 知识储备

绵白糖是由细粒的白砂糖加适量的转化糖浆加工制成的。绵白糖质地细软，色泽洁白，具有光泽，甜度较高，蔗糖含量在 97% 以上。绵白糖溶解速度较快，面包、饼干等焙烤食品加工时可直接在调粉时加入，使用方便。

 实验实施

1. 实验准备

1）真空干燥箱：$0 \sim -0.1$ MPa，温度范围 $0 \sim 100$ ℃。

2）称量皿：直径 50 mm，单层盖。

3）分析天平：感量 0.000 1 g。

4）干燥器：备有变色硅胶。

2. 实验步骤

用恒重过的称量皿称取绵白糖样品约 10.000 g，开盖置于真空干燥箱内干燥 60 min（温度 70~75 ℃，真空度 -0.067 MPa）。盖盖后将称量皿取出置于干燥器内冷却至室温后称量。

3. 结果计算及表示

$$干燥失重(\%) = \frac{W_2 - W_3}{W_2 - W_1} \times 100$$

式中　W_1——称量皿的质量(g)；

　　　W_2——称量皿和干燥前样品的总质量(g)；

　　　W_3——称量皿和干燥后样品的总质量(g)。

干燥失重以百分数表示，计算结果保留 2 位小数。

任务二　绵白糖电导灰分的测定

<难度指数> ★★

 学习目标

1. 知识目标

（1）了解绵白糖电导灰分测定的原理。

（2）了解影响测定准确性的因素。

2. 能力目标

（1）掌握电导灰分测定的方法和注意事项。

（2）掌握电导仪的使用方法。

3. 情感态度价值观目标

（1）了解绵白糖电导灰分测定的意义。

（2）感受精密仪器检验的精准性。

任务描述

对任意一个绵白糖样品，按照标准要求进行采样、称量，并且按照标准要求对样品进行加水溶解后处理，测定溶液电导率［参照《绵白糖》（GB 1445—2000）］，根据测定数据计算电导灰分。

任务分解

绵白糖电导灰分测定流程如图 1-23 所示。

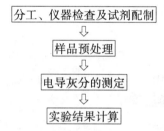

图 1-23　绵白糖电导灰分测定流程

知识储备

糖品中的灰分是由无机盐类和有机盐类组成，它们在水中大部分解离成带电荷的离子。电导率表示离子化水溶性盐类的浓度。测定糖液的电导率，然后应用转换系数即可算出电导灰分。

实验实施

1. 实验准备

（1）仪器与设备

1）电导率仪：DDS-11A 型或 DDS-11 型。

2）容量瓶：1 000 mL，100 mL。

3）烧杯。

4）玻璃棒。

（2）试剂与药品

1）蒸馏水或去离子水：精制绵白糖、优级白砂糖必须用电导率低于 2 μS/cm 的蒸馏水或去离子水。一级绵白糖允许用电导率低于 15 μS/cm 的蒸馏水。

2）0.01 mol/L 氯化钾溶液：取分析纯氯化钾，加热至 500 ℃（呈暗红，炽热）脱水 30 min 后，称取 0.745 5 g，溶解于 1 000 mL 容量瓶中，并且加水至标线。此溶液在 20 ℃时电导率为 1 278 μS/cm。

3）0.002 5 mol/L 氯化钾溶液：吸取 0.01 mol/L 氯化钾溶液 250 mL，移入 1 000 mL 容量瓶内，加水稀释至标线。此溶液在 20 ℃时电导率为 328 μS/cm。

2. 实验步骤

称取 31.7 g ± 0.1 g 绵白糖样品于干洁烧杯中，加蒸馏水溶解并移入 100 mL 容量瓶中，用蒸馏水多次冲洗烧杯及玻璃棒，洗水一并移入容量瓶中，加水至标线，摇匀。先用样液冲洗电导电极 2～3 次，然后将样液倒入小烧杯中，用电导率仪测定样液的电导率，记录读数及当时样液的温度。

电导池常数应用 0.002 5 mol/L 氯化钾溶液校核计量。

3. 结果计算及表示

$$电导灰分(\%) = 6 \times 10^{-4}(C_1 - 0.35C_2)$$

式中　C_1——被测糖液在 20 ℃ ±0.2 ℃时的电导率(μS/cm)；

　　　C_2——溶糖所用蒸馏水在 20 ℃ ±0.2 ℃时的电导率(μS/cm)。

电导灰分以百分数表示，计算结果保留 2 位小数。

任务三　绵白糖色值的测定

<难度指数> ★★

 学习目标

1. 知识目标

（1）了解绵白糖色值测定方法和原理。

（2）了解影响测定准确性的因素。

2. 能力目标

（1）掌握操作技术和注意事项。

（2）掌握标准溶液的配制。

3. 情感态度价值观目标

（1）了解绵白糖色值测定的意义。

（2）感受精密仪器检验的精准。

 任务描述

对任意一个绵白糖样品，按照标准要求进行采样、称量，并且按照标准要求对样品进行预处理，测定溶液的吸光系数[参照《绵白糖》(GB 1445—2000)]，根据测定数据计算样品的色值。

 任务分解

绵白糖色值测定流程如图 1-24 所示。

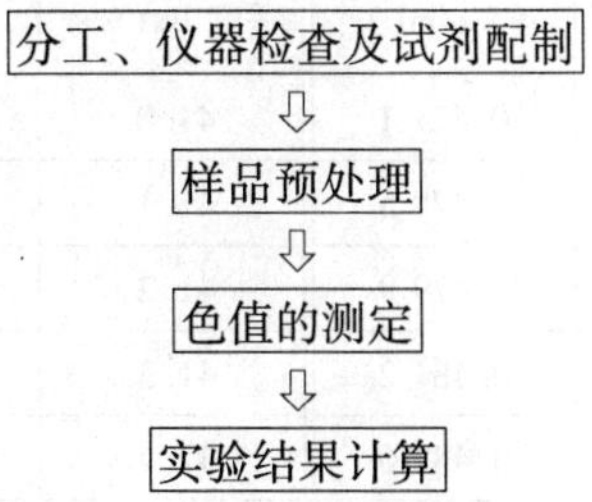

分工、仪器检查及试剂配制
↓
样品预处理
↓
色值的测定
↓
实验结果计算

图 1-24　绵白糖色值测定流程

49

知识储备

绵白糖色值测定的方法描述：绵白糖样品用 pH 7.0 ± 0.1 缓冲溶液溶解后，经滤膜过滤，然后在 420 nm 波长条件下以蒸馏水作为参比溶液，测量溶液的吸光系数，将吸光系数的数值乘以 1 000，即为 ICUMSA 色值，单位 IU。

实验实施

1. 实验准备

（1）仪器与设备

1）分光光度计：测试范围 0 ~ 2 Å，精度 0.01 Å，波长精度 420 nm ± 1 nm。

2）比色皿：1 ~ 5 cm；用于测定与作参比的两只比色皿，透光度不应超过 0.2%（用蒸馏水检查）。

3）滤膜过滤器：带有孔径为 0.45 μm 滤膜和吸滤瓶。

4）阿贝折射仪：糖用。

5）pH（酸度）计：分度值或最小显示值 0.02 pH。

（2）试剂与药品

1）盐酸溶液：0.1 mol/L。

2）三乙醇胺-盐酸缓冲溶液：称取三乙醇胺 $[(HOCH_2CH_2)_3N]$ 14.920 g，用蒸馏水溶解并定容至 1 000 mL，然后移入 2 000 mL 烧杯内，加入 0.1 mol/L 盐酸溶液约 800 mL，搅拌均匀并继续用 0.1 mol/L 盐酸调到 pH 7.0（用酸度计的电极浸于此溶液中测量 pH 值），储于棕色玻璃瓶中。

2. 实验步骤

称取绵白糖样品 100.0 g，置于 200 mL 烧杯中，加入三乙醇胺-盐酸缓冲溶液 135 mL，搅拌至完全溶解倒入已预先铺好孔径为 0.45 μm 滤膜的过滤器中在真空下抽滤，弃去最初 50 mL 滤液，收集不少于 50 mL 的滤液后测其锤度，然后用比色皿装盛糖液，以三乙醇胺-盐酸缓冲溶液作参比，在分光光度计上于 420 nm 波长下测其吸光度。蔗糖溶液折光锤度与每毫升含蔗糖克数（在空气中）对照见表1-5。

表1-5 蔗糖溶液折光锤度与每毫升含蔗糖克数（在空气中）对照表

折光锤度 Bx（%）	浓度 /（g/mL）	折光锤度 Bx（%）	浓度 /（g/mL）	折光锤度 Bx（%）	浓度 /（g/mL）	折光锤度 Bx（%）	浓度 /（g/mL）
40.0	0.470 2	40.5	0.477 1	41.0	0.484 0	41.5	0.491 0
40.1	0.471 5	40.6	0.478 5	41.1	0.485 4	41.6	0.491 4
40.2	0.472 9	40.7	0.479 9	41.2	0.486 6	41.7	0.493 8
40.3	0.472 3	40.8	0.481 2	41.3	0.488 2	41.8	0.495 2
40.4	0.475 7	40.9	0.482 6	41.4	0.489 6	41.9	0.496 6

(续)

折光锤度 Bx(%)	浓度/(g/mL)	折光锤度 Bx(%)	浓度/(g/mL)	折光锤度 Bx(%)	浓度/(g/mL)	折光锤度 Bx(%)	浓度/(g/mL)
42.0	0.498 0	42.8	0.509 3	43.6	0.520 6	44.4	0.532 1
42.1	0.499 4	42.9	0.510 7	43.7	0.522 1	44.5	0.533 5
42.2	0.500 8	43.0	0.512 1	43.8	0.523 5	44.6	0.534 9
42.3	0.502 2	43.1	0.513 5	43.9	0.534 9	44.7	0.536 4
42.4	0.503 6	43.2	0.515 0	44.0	0.526 3	44.8	0.537 8
42.5	0.505 1	43.3	0.516 4	44.1	0.527 8	44.9	0.539 2
42.6	0.506 5	43.4	0.517 8	44.2	0.529 2		
42.7	0.507 9	43.5	0.519 2	44.3	0.530 6		

3. 结果计算及表示

$$国际糖色值 = \frac{A_{420}}{b \times c} \times 1\,000$$

式中　A_{420}——在 420 nm 波长下测得样液的吸光度；

　　　b——比色皿厚度（cm）；

　　　c——样液浓度（由校正到 20 ℃的锤度乘上系数 0.985 4 后查表 1-5 求得）（g/mL）。

色值以 IU 表示，计算结果取整数。

允许误差：两次测定值之差不得超过 4IU。

任务四　绵白糖粒度的测定

<难度指数> ★

 学习目标

1. 知识目标

（1）了解绵白糖粒度测定的方法和原理。

（2）了解影响测定准确性的因素。

2. 能力目标

（1）掌握操作技术和注意事项。

（2）掌握溶液的配制。

3. 情感态度价值观目标

（1）了解绵白糖中粒度测定的意义。

（2）感受精密仪器检验的精准性。

 知识储备

优质的绵白糖色泽洁白明亮、晶粒整齐、均匀、坚实，无水分和杂质，还原糖的含量较低，溶解在清净的水中清澈、透明，无异味。我国国家标准规定精制绵白糖的粒度小于或等于 0.30 mm，优级绵白糖的粒度小于或等于 0.35 mm，一级绵白糖的粒度小于或等于 0.40 mm。各级绵白糖的粒度相差不大，但级别越高的绵白糖的粒度越小。

 任务描述

对任意一个绵白糖样品，按照标准要求进行采样、称量，并且按照标准要求对样品进行预处理，在显微镜下用测微尺测量出绵白糖晶粒长轴的平均长度[参照《绵白糖》(GB 1445—2000)]，根据测定数据计算样品的颗粒度。

 任务分解

绵白糖粒度测定流程如图 1-25 所示。

分工、仪器检查及试剂配制
⇩
样品预处理
⇩
粒度的测定
⇩
实验结果计算

图 1-25　绵白糖粒度测定流程

 实验实施

1. 实验准备

（1）仪器与设备

1）显微镜。

2）玻璃棒。

3）烧杯：50 mL。

（2）试剂与药品

1）无水乙醇。

2）纯蔗糖。

3）无水乙醇的饱和蔗糖溶液：取足量纯蔗糖放入无水乙醇中，用玻璃棒充分搅拌，静止 1 h，将未溶解的蔗糖过滤除去，即是无水乙醇的饱和蔗糖溶液。

2. 实验步骤

取少量样品放于 50 mL 烧杯中，加入少量无水乙醇的饱和蔗糖溶液，用玻璃棒搅拌使粘在一起的晶粒分开，然后均匀铺于载玻片上，用 80 倍显微镜观察。选晶形整齐、大小居中的颗粒 10 个，用测微尺测量其长轴尺寸并记录。

3. 结果计算及表示

$$颗粒度 = \frac{A}{10}$$

式中　A——10 个晶粒长轴尺寸总和。

计算结果保留 3 位有效数字。

任务五 绵白糖混浊度的测定

<难度指数> ★★

 学习目标

1. 知识目标

（1）了解绵白糖混浊度测定方法和原理。

（2）了解影响测定准确性的因素。

2. 能力目标

（1）掌握操作技术和注意事项。

（2）掌握试剂的配制方法与操作。

3. 情感态度价值观目标

（1）了解绵白糖混浊度测定的意义。

（2）感受精密仪器检验的精准性。

 知识储备

绵白糖混浊度检测的原理是利用单色光透过含有悬浮粒子（混浊）的溶液时悬浮粒子引起光的散射使单色光强度衰减，以光的衰减程度减去颜色的影响表示绵白糖溶液的混浊度。

 任务描述

对任意一个绵白糖样品，按照标准要求进行采样、称量，并且按照标准要求对样品进行前处理，根据测定数据计算样品的混浊度［参照《绵白糖》（GB 1445—2000）］。

 任务分解

绵白糖混浊度测定流程如图 1-26 所示。

分工、仪器检查及试剂配制

↓

样品预处理

↓

混浊度的测定

↓

实验结果计算

图 1-26 绵白糖混浊度测定流程

 实验实施

1. 实验准备

（1）仪器与设备

1）分光光度计：测试范围 0 ~ 2 Å，精度 0.01 Å，波长精度 420 nm ± 1 nm。

2）比色皿：1 ~ 5 cm；用于测定与作参比的两只比色皿，透光度不应超过 0.2%（用蒸馏水检查）。

3）滤膜过滤器：带有孔径为 0.45 μm 滤膜和吸滤瓶。

4）阿贝折射仪：糖用。

5）pH（酸度）计：分度值或最小显示值 0.02 pH。

6）容量瓶：1 000 mL。

7）烧杯：2 000 mL，200 mL。

（2）试剂

1）盐酸溶液：0.1 mol/L。

2）三乙醇胺-盐酸缓冲溶液：称取三乙醇胺 $[(HOCH_2CH_2)_3N]$14.920 g，用蒸馏水溶解并定容至 1 000 mL，然后移入 2 000 mL 烧杯内，加入 0.1 mol/L 盐酸溶液约 800 mL，搅拌均匀并继续用 0.1 mol/L 盐酸调到 pH 7.0（用酸度计的电极浸于此溶液中测量 pH 值），储于棕色玻璃瓶中。

2. 实验步骤

称取绵白糖样品 100.0 g，置于 200 mL 烧杯中，加入三乙醇胺-盐酸缓冲溶液 135 mL，搅拌至完全溶解，然后用比色皿装盛糖液，以三乙醇胺-盐酸缓冲溶液作参比，在分光光度计上于 420 nm 波长下测其吸光度，并且计算其衰减指数。

54

$$衰减指数 = \frac{a_{420}}{b \times c} \times 1\,000$$

式中　a_{420}——在 420 nm 波长下测得未过滤样液的吸光度；

　　　　b——比色皿厚度（cm）；

　　　　c——样液浓度（由校正到 20 ℃ 的锤度乘上系数 0.985 4 后查表 1-7 求得）（g/mL）。

过滤样液色值测定参考本项目的任务三。

3. 结果计算及表示

$$混浊度 = \frac{x_1 - x_2}{20}$$

式中　x_1——过滤前糖液衰减指数（IU）；

　　　　x_2——过滤后溶糖色值指数（IU）。

混浊度单位为度，计算结果取整数。

允许误差：两次测定值之差不得超过 1 度。

任务六　绵白糖中不溶于水杂质的测定

＜难度指数＞★★

 学习目标

1. 知识目标

（1）熟练掌握绵白糖中不溶于水杂质测定的方法和原理。

（2）掌握绵白糖中不溶于水杂质的测定方法和注意事项。

2. 能力目标

（1）掌握天平、干燥器的使用方法。

（2）掌握溶液的配制方法。

（3）通过对坩埚、样品的灼烧掌握不同样品的前处理方法。

3. 情感态度价值观目标

了解绵白糖中不溶于水杂质测定的意义。

任务描述

对任意一个绵白糖样品，按照标准要求进行采样、称量，并且按照标准要求对样品预处理，根据测定数据计算样品中不溶于水杂质［参照《绵白糖》（GB 1445—2000）］。保留初始数据，准确详细记录实验报告，完成相应的实验报告。

任务分解

绵白糖中不溶于水杂质的测定流程如图1-27所示。

图1-27 绵白糖中不溶于水杂质的测定流程

知识储备

绵白糖不溶于水杂质检测原理：用G3坩埚漏斗将糖液真空抽滤，再以较大量的蒸馏水洗涤滤渣，然后将滤渣干燥至恒重，计算出其在样品中的含量。

实验实施

1. 实验准备

（1）仪器与设备

1）G3坩埚漏斗：直径32 mm。

2）干燥箱。

3）天平：感量0.000 1 g。

4）烧杯：1 000 mL。

（2）试剂

1）1% α-奈酚乙醇溶液：称取α-奈酚1 g，用95%乙醇溶解至100 mL。

2）浓硫酸：含硫酸95%~98%。

2. 实验步骤

（1）样品准备

称取绵白糖样品500.0 g置于1 000 mL烧杯中，加约50 ℃蒸馏水700 mL，搅拌至糖全部溶解，倾入经恒重的G3坩埚漏斗中进行真空抽滤。

55

（2）样品测定

以蒸馏水充分洗涤滤渣，用α-奈酚乙醇溶液检查，至洗涤液不含糖分为止。将G3坩埚漏斗置于干燥箱内，在125～130 ℃下烘干1.0 h，取出置于干燥器中冷却至室温后称量。然后再继续烘干0.5 h，冷却后称量，重复操作，直至相继两次质量相差不超过0.001 g为止，此时可认为达到恒重，记录其质量。

（3）微糖检验方法

取2 mL洗涤液于试管中，加入数滴1%α-奈酚乙醇溶液，再沿管壁缓缓加入2 mL浓硫酸。在水与酸的界面出现紫色环，说明有糖存在；若为黄绿色环，则说明无糖存在。

3. 结果计算及表示

$$不溶于水杂质 = \frac{m_2 - m_1}{m_0} \times 10^6$$

式中　m_1——G3坩埚漏斗的质量（g）；

　　　m_2——坩埚漏斗和不溶于水杂质的总质量（g）；

　　　m_0——称取绵白糖样品的质量（g）。

绵白糖中不溶于水杂质以每千克绵白糖样品所含不溶于水杂质毫克数表示，计算结果取整数。

任务七　糖浆DE值的测定

<难度指数> ★★★★

 学习目标

1. 知识目标

（1）熟练掌握绵白糖DE值测定的方法和原理。

（2）掌握绵白糖DE值的测定方法和注意事项。

2. 能力目标

（1）掌握天平的使用方法。

（2）掌握溶液的配制方法。

（3）掌握滴定的方法及准确判断滴定的重点。

3. 情感态度价值观目标

了解绵白糖DE值的意义。

 任务描述

对任意一个糖浆样品，按照标准要求进行采样、称量，并且按照标准要求对样品进行预处理，根据测定数据计算样品的DE值［参照《葡萄糖浆》（GB/T 20885—2007）］。

 任务分解

糖浆DE值的测定流程如图1-28所示。

56

仪器检查及试剂配制

⇓

样品预处理

⇓

糖浆 DE 值的测定

⇓

实验结果及计算

图 1-28　糖浆 DE 值的测定流程

 知识储备

葡萄糖浆是以淀粉或淀粉质为原料，经全酶法、酸法、酶酸法或酸酶法水解、精制而得的含有葡萄糖的混合糖浆。DE 值是指还原糖（以葡萄糖计）占糖浆干物质的百分比，按 DE 值可以将葡萄糖浆分为三类：低 DE 值产品、中 DE 值产品、高 DE 值产品。

 实验实施

1. 实验准备

（1）仪器与设备

1）电炉：1 000 W。

2）锥形瓶：150 mL。

3）玻璃珠、石棉网。

4）烧杯：50 mL。

5）容量瓶：250 mL。

6）滴定管：50 mL。

（2）试剂

1）次甲基蓝指示液（10 g/L）：称取 1.0 g 次甲基蓝，溶于水中，并且稀释至 100 mL。

2）葡萄糖标准溶液（2 g/L）：称取于 100 ℃ ± 2 ℃烘干至恒重的基准无水葡萄糖 0.5 g（精确至 0.000 1 g），用水溶解，并且稀释至 250 mL，摇匀，备用。

3）费林试剂：

溶液Ⅰ：称取 34.7 g 硫酸铜（$CuSO_4 \cdot 5H_2O$），溶于水，稀释至 500 mL。

溶液Ⅱ：称取 173 g 酒石酸钾钠（$C_4H_4KNaO_6 \cdot 4H_2O$）和 50 g 氢氧化钠，溶于水，稀释至 500 mL。

使用时将溶液Ⅰ与溶液Ⅱ按同体积混合。

2. 实验步骤

（1）标定

预滴定时，先吸取费林溶液Ⅱ，再吸取费林溶液Ⅰ各 5.0 mL 于 150 mL 锥形瓶中，加水 20 mL，加入玻璃珠 3 粒，用 50 mL 滴定管预先加入 24 mL 的葡萄糖标准溶液，摇匀，置于铺有石棉网的电炉上加热，控制瓶中液体在 120 s ± 15 s 内沸腾，并且保持微沸。加 2 滴次甲基蓝指示液，继续以葡萄糖标准溶液滴定，直至蓝色刚好消失为其终点。整个滴定操作应在 3 min 内完成。正式滴定时，预先加入比预滴定少 1 mL 的葡萄糖标准溶液。操作同预滴定，并且作平行试验。记录消耗葡萄糖溶液的总体积，取其算术平均数。

计算：

$$RP = \frac{m_1 \times V_1}{250}$$

式中　RP——费林溶液Ⅰ、费林溶液Ⅱ各5.0 mL相当于葡萄糖的质量(g)；

　　　m_1——称取基准无水葡萄糖的质量(g)；

　　　V_1——消耗葡萄糖标准溶液的总体积(mL)；

　　　250——配制葡萄糖标准溶液的总体积(mL)。

（2）分析步骤

1）样液的制备：称取一定量的样品，精确至0.000 1 g(取样量以每100 mL样液中含有还原糖量125~200 mg为宜)。置于50 mL小烧杯中，加热水溶解后全部移入250 mL容量瓶中，冷却至室温。加水稀释至刻度，摇匀备用。

2）预滴定：按费林溶液的标定操作，先吸取费林溶液Ⅱ，再吸取费林溶液Ⅰ各5.0 mL于150 mL锥形瓶中，加水20 mL，加入玻璃珠3粒，用50 mL滴定管预先加入一定量的样液，将锥形瓶置于铺有石棉网的电炉上加热至沸，控制在120 s±15 s内沸腾，并且保持微沸。以样液继续滴定(滴加样液的速度约为每1滴/2 s)，至溶液蓝色将消失时，加入次甲基蓝指示液2滴。再继续滴加样液至蓝色刚好消失为其终点。记录消耗液的总体积。

3）正式滴定：按上述操作吸取费林溶液Ⅱ和费林溶液Ⅰ各5.0 mL于150 mL锥形瓶中，用滴定管加入比预滴定时耗用量约少1 mL的样液于锥形瓶中，加热，使溶液在120 s±15 s内沸腾，并且保持微沸状态。与预滴定同样操作，继续以样液滴定至终点，整个滴定操作必须在3 min内完成，记录消耗样液的总体积。

3. 结果计算及表示

$$X(\%) = \frac{RP}{m_2 \times \dfrac{V_2}{250} \times DMC} \times 100$$

式中　$X(\%)$——DE值[样品葡萄糖当量值(样品中还原糖占干物质的百分数)]；

　　　RP——费林溶液Ⅱ、费林溶液Ⅰ各5.0 mL相当于葡萄糖的质量的数值(g)；

　　　m_2——称取样品的质量的数值(g)；

　　　V_2——滴定时，消耗样液的体积的数值(mL)；

　　　250——配制样液的总体积的数值(mL)；

　　$DMC(\%)$——样品干物质(固形物)的质量分数。

样品DE值以百分数表示。

4. 精密度

在重复性条件下获得的两次独立测定结果的绝对差值应不超过算术平均值的2%。

任务八　糖浆透射比的测定

<难度指数> ★★★

 学习目标

1. 知识目标

（1）熟练掌握糖浆中透射比测定的原理。

（2）掌握糖浆中透射比测定的方法和注意事项。

2. 能力目标

（1）能够通过透射比的测定掌握分光光度计的使用技能。

（2）能够正确计算实验结果。

3. 情感态度价值观目标

（1）了解透射比的概念和测定的意义。

（2）感受精密仪器检验焙烤食品原料的精准。

任务描述

对任意一个糖浆样品，按照标准要求进行预处理，利用分光光度计进行透射比的测定 [参照《葡萄糖浆》（GB/T 20885—2007）]。

任务分解

糖浆透射比的测定流程如图 1-29 所示。

图 1-29 糖浆透射比的测定流程

实验实施

1. 实验准备

可见分光光度计。

2. 实验步骤

按仪器说明书，在 440 nm 波长下调整仪器的零点和透射比。

用新煮沸且冷却的中性蒸馏水配制干物质为 30% 的葡萄糖浆待测液，然后，将葡萄糖浆待测液注入 1 cm 比色皿中，使用分光光度计，在 440 nm 波长下，以蒸馏水作参比，测定样液的透射比。

所得结果表示为整数。

3. 精密度

在重复性条件下获得的两次独立测定结果的绝对差值应不超过算术平均值的1%。

任务九 糖浆熬糖温度的测定

<难度指数>★

学习目标

1. 知识目标

（1）熟练掌握糖浆熬糖温度测定的原理。

（2）掌握熬糖温度测定的方法和注意事项。

2. 能力目标

(1) 掌握熬糖温度测定的方法和技能。

(2) 能够控制温度，正确判断。

3. 情感态度价值观目标

(1) 了解糖浆在焙烤食品中的作用。

(2) 感受温度变化对结果的影响。

任务描述

对任意一个糖浆样品，按照标准要求进行样品采集，采用电炉对糖浆样品熬糖温度进行测定[参照《葡萄糖浆》(GB/T 20885—2007)]。

任务分解

糖浆熬糖温度测定流程如图1-30所示。

仪器检查
⇩
样品制备
⇩
糖浆熬糖温度的测定

图1-30　糖浆熬糖温度测定流程

实验实施

1. 实验准备

1) 电炉: 1 000 W。

2) 水银温度计: 0～200 ℃。

3) 烧杯: 500 mL。

4) 植物油。

2. 实验步骤

称取试样200 g于500 mL烧杯中，置于1 000 W电炉上，在烧杯中心插一支0～200 ℃水银温度计(温度计水银头距杯底0.5 cm)。当糖浆缓慢沸腾时加入植物油2滴，继续加热熬煮并注意观察。当熬至试样刚开始变色时，记录变色温度，即为熬糖温度。

任务十　糖浆中干物质的测定

<难度指数>★★★

学习目标

1. 知识目标

(1) 熟练掌握糖浆中干物质测定的原理。

(2) 掌握糖浆中干物质测定的方法和注意事项。

2. 能力目标

（1）掌握使用阿贝折射仪测定糖浆中干物质的方法。

（2）能够正确操作阿贝折射仪，测定准确结果。

3. 情感态度价值观目标

（1）了解糖浆中干物质的多少对焙烤食品质量的意义。

（2）感受精密仪器检验食品添加剂的精准。

 任务描述

对任意一个糖浆样品，按照标准要求进行采样、称量，并且按照标准要求对样品进行预处理及样品测定［参照《葡萄糖浆》（GB/T 20885—2007），根据测定数据得出样品的干物质含量。

 任务分解

糖浆中干物质的测定流程如图1-31所示。

图1-31 糖浆中干物质的测定流程

 实验实施

1. 实验准备

1）阿贝折射仪：精度为0.000 1单位。

2）恒温水浴：精度为±0.1 ℃。

3）玻璃棒：末端弯曲扁平。

2. 实验步骤

（1）仪器校正

在20 ℃时，以重蒸蒸馏水校正阿贝折射仪为1.333 0，相当于干物质（固形物）含量为零。仪器每日至少校正1次。

（2）分析步骤

将阿贝折射仪放置在光线充足的位置，与恒温水浴连接，将折射仪棱镜的温度调节至20 ℃。分开两面棱镜，用玻璃棒加少量样品1～2滴于固定的棱镜面上（玻璃棒不得接触棱镜面，并且涂样时间应少于2 s），立即闭合并停留几分钟，使样品达到棱镜的温度。调节棱镜的螺旋钮直至视场分为明暗两部分，转动补偿器旋钮，消除虹彩并使明暗分界线清晰。继续调节螺旋钮使明暗分界线对准在十字线上，从标尺上读取折光率（读准至0.000 1），再立即重读一次，取其平均值作为一次测定值。清洗并擦干两个棱镜，将同一样品按上述操作进行第二次测定，取两次测得平均值，根据"干物质与折光率关系表"（本书不附此表，读者可在相应国标中进行查阅），查表得出样品的干物质含量。

任务十一　糖浆中硫酸灰分的测定

<难度指数> ★★★

 学习目标

1. 知识目标

（1）熟练掌握糖浆中硫酸灰分测定的原理。

（2）掌握糖浆中硫酸灰分测定的方法和注意事项。

2. 能力目标

（1）掌握糖浆干物质的测定方法。

（2）掌握标准溶液的配制。

（3）能够正确测定准确结果并正确计算。

3. 情感态度价值观目标

（1）体验高温对物质形态的改变。

（2）感受反复灼烧后，样品质量的细微变化。

 任务描述

对任意一个糖浆样品，按照标准要求进行采样、称量，并且按照标准要求对样品预处理和样品测定［参照《葡萄糖浆》（GB/T 20885—2007），根据测定数据计算样品中硫酸灰分含量。

 任务分解

糖浆中硫酸灰分的测定流程如图 1-32 所示。

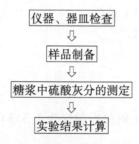

图 1-32　糖浆中硫酸灰分的测定流程

 实验实施

1. 实验准备

（1）仪器与设备

1）铂坩埚(或石英坩埚、瓷坩埚)：50 mL。

2）高温炉：温控范围 525 ℃ ±25 ℃。

3）干燥器：用变色硅胶作为干燥剂。

4）分析天平：精度 0.000 1 g。

5）电炉。

（2）试剂与药品

浓硫酸、盐酸。

2. 实验步骤

坩埚先用盐酸加热煮沸洗涤，再用自来水冲洗，然后用蒸馏水漂洗干净。将洗净的坩埚置于高温炉内，在 525 ℃ ±25 ℃下灼烧 0.5 h，取出室温下冷却至 200 ℃以下，放入干燥器中冷却至室温，精确称量，并且反复灼烧直至恒重。

称取样品 2 g（精确至 0.000 1 g）置于上述恒重的坩埚中。滴加浓硫酸 1 mL 缓慢转动，使其均匀。置于电炉上小心加热，直至全部炭化。然后，放入高温炉内，在 525 ℃ ±25 ℃下灼烧，保持此温度直至完全炭化。取出在室温下冷却至 200 ℃以下。放入干燥器中，冷却至室温，精确称量。重复灼烧，至前后两次称量纸之差不超过 0.3 mg 为恒重。

3. 结果计算

$$X_2(\%) = \frac{m_2 - m_0}{m_1 - m_0} \times 100$$

式中　$X_2(\%)$——样品的硫酸灰分；

　　　　m_2——坩埚加灰分的质量（g）；

　　　　m_0——坩埚的质量（g）；

　　　　m_1——坩埚加样品的质量（g）。

4. 精密度

在重复性条件下获得的两次独立测定结果的绝对差值应不超过算术平均值的 3%。

任务十二　糖和糖浆中二氧化硫的测定

<难度指数> ★★

 学习目标

1. 知识目标

（1）熟练掌握糖和糖浆中二氧化硫测定的原理。

（2）掌握糖和糖浆中二氧化硫测定的方法和注意事项。

2. 能力目标

（1）掌握蒸馏装置正确的安装与使用方法。

（2）掌握标准溶液的配制。

（3）能够正确判断滴定终点，测定准确结果并正确计算。

3. 情感态度价值观目标

了解糖和糖浆中二氧化硫测定的意义。

 任务描述

对任意一个糖或糖浆样品，按照标准要求进行采样、称量，并且按照标准要求对样品进行预处理，采用蒸馏法对样品进行测定［参照《食品中亚硫酸盐的测定》（GB/T 5009.34—2003）］，根据测定数据计算样品的二氧化硫。

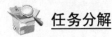 **任务分解**

糖和糖浆中二氧化硫测定流程如图 1-33 所示。

分工、仪器检查及试剂配制
⇩
样品预处理
⇩
糖和糖浆中二氧化硫的测定
⇩
实验结果计算

图 1-33　糖和糖浆中二氧化硫测定流程

 知识储备

糖和糖浆中二氧化硫的测定原理是在密闭容器中对试样进行酸化并加热蒸馏，以释放出其中的二氧化硫，用乙酸铅溶液吸收释放物。吸收后用浓酸酸化，再以碘标准溶液滴定，根据所消耗的碘标准溶液量计算出试样中的二氧化硫含量。

64 **实验实施**

1. 实验准备

（1）仪器与设备

1）全玻璃蒸馏器。

2）碘量瓶。

3）酸式滴定管。

4）圆底蒸馏烧瓶：500 mL。

（2）试剂

1）盐酸(1 + 1)：浓盐酸用水稀释 1 倍。

2）乙酸铅溶液(20 g/L)：称取 2 g 乙酸铅，溶于少量水中并稀释至 100 mL。

3）碘标准溶液 $[c(1/2\ I_2) = 0.010\ mol/L]$：将碘标准溶液(0.100 mol/L)用水稀释 10 倍。

4）淀粉指示液(10 g/L)：称取 1 g 可溶性淀粉，用少许水调成糊状，缓缓倾入 100 mL 沸水中，随加随搅拌，煮沸 2 min，放冷，备用。此溶液应临用时新制。

2. 实验步骤

（1）试样处理

固体试样用刀切或剪刀剪成碎末混匀，称取约 5.0 g 均匀试样(试样量可视含量高低而定)，液体试样可直接吸收 5.0 ~ 10.0 mL，置于 500 mL 圆底蒸馏烧瓶中。

（2）蒸馏

将称好的试样置入圆底蒸馏烧瓶中，加入 250 mL 水，装上冷凝装置，冷凝管下端应插入碘量瓶中的 25 mL 乙酸铅吸收液中，然后在蒸馏瓶中加入 10 mL 盐酸(1 + 1)，立即盖塞，加热蒸馏。当蒸馏液约 200 mL 时，使冷凝管下端离开液面，再蒸馏 1 min。用少量蒸馏水冲洗插入乙酸铅溶液的装置部分。在检测试样的同时要做空白实验。

（3）滴定

向取下的碘量瓶中依次加入 10 mL 浓盐酸、1 mL 淀粉指示液（10 g/L）。摇匀之后用碘标准滴定溶液（0.010 mol/L）滴定至变蓝且在 30 s 内不退色为止。

3. 结果计算

$$X = \frac{(A - B) \times 0.01 \times 0.032 \times 1\,000}{m}$$

式中　X——试样中的二氧化硫总含量（g/kg）；

　　　A——滴定试样所用碘标准滴定溶液（0.010 mol/L）的体积（mL）；

　　　B——滴定试剂空白所用碘标准滴定溶液（0.010 mol/L）的体积（mL）；

　　　m——试样质量（g）；

　0.032——1 mL 碘标准溶液 $[c(1/2\,I_2) = 1.0\ mol/L]$ 相当于二氧化硫的质量（g）。

项目四　肉制品的理化检验

项目概述

广义上讲，肉是动物宰杀后所得可食部分的总称，包括胴体、头、血和内脏等部分；而狭义的肉是指畜禽经屠宰分割后除去头、蹄、毛、内脏后的胴体。

肉制品是指以畜禽肉为主要原料，经调味制作的熟肉制成品或半成品，如香肠、火腿、培根、酱卤肉、烧烤肉等。我国将肉制品分为 9 大类：腌腊制品、酱卤制品、熏烤制品、干制品、油炸制品、灌肠制品、火腿、罐头及其他。

肉及肉制品是焙烤食品中的重要原料。由于肉制品营养丰富，所以其容易变质。因此，对原料肉进行严格的检验，对于焙烤食品的成品质量具有重要的意义。本项目主要讨论肉制品的理化性质检验，微生物方面的检验参考焙烤食品的微生物指标检测。三甲胺是鱼、肉类食品由于细菌的作用，在腐败过程中，将氧化三甲胺还原而产生的，常温下为无色气体，有鱼腥恶臭，是原料肉被细菌污染的主要指示物质。而肉制品的加工过程中，亚硝酸盐广泛地被作为着色剂和防腐剂使用。因此在本项目里，将这两种物质的检测加以介绍。

任务一　肉制品中三甲胺的测定

<难度指数> ★★★

学习目标

1. 知识目标

（1）熟练掌握肉制品中三甲胺测定的原理。

（2）掌握利用标准曲线计算三甲胺含量的方法。

（3）知道三甲胺的性质及使用注意事项。

2. 能力目标

（1）会测定肉制品中的三甲胺。

（2）能熟练使用分光光度计。

3. 情感态度价值观目标

知道肉制品中三甲胺产生的原因。

任务描述

对于给定的肉制品，能按照标准对样品进行采样、预处理，检测三甲胺的含量［参照《火腿中三甲胺氮的测定》（GB/T 5009.179—2003）］。

任务分解

肉制品中三甲胺的测定流程如图 1-34 所示。

仪器检查、试剂配制

⇩

样品预处理

⇩

样品测定，制作标准曲线

⇩

计算实验结果

图1-34 肉制品中三甲胺的测定流程

 知识储备

1. 三甲胺及氧化三甲胺

三甲胺(Trimethylamine,简写 TMA)，分子式$(CH_3)_3N$，属有机化合物，也是最简单的叔胺类化合物。三甲胺为无色气体，比空气重、吸湿、有毒且易燃。低浓度的三甲胺气体具有强烈的鱼腥气味，高浓度时具有类似于氨的气味。三甲胺对人体的主要危害是对眼、鼻、咽喉和呼吸道的刺激作用。浓三甲胺水溶液能引起皮肤剧烈的烧灼感和潮红，洗去溶液后皮肤上仍可残留点状出血。长期接触三甲胺会感到眼、鼻、咽喉干燥不适。

自然条件下，植物和动物腐败分解会产生三甲胺气体。腐败鱼的腥臭味、感染的伤口的恶臭味和口臭通常都是由三甲胺引起的。大部分三甲胺来源于胆碱及肉碱。

氧化三甲胺广泛分布于海水动物产品肌肉中，具有特殊的鲜味。一般海水硬骨鱼含 100 ~ 1 000 mg/100 g，海水软骨鱼中含 700 ~ 1 400 mg/100 g，淡水鱼中含量很少，一般为 10 mg/100 g。氧化三甲胺是鱼鲜美味道的主要来源，但氧化三甲胺极不稳定，鱼死后，在腐败细菌尤其是兼性厌氧菌(如互生单孢菌、腐败极毛菌)的作用下，很容易还原成三甲胺。我国规定火腿中三甲胺氮的限量标准为 2.5 mg/100 g。

2. 三甲胺检测的原理

三甲胺$[(CH_3)_3N]$是鱼、肉类食品由于细菌的作用，在腐败过程中，将氧化三甲胺$[(CH_3)_3NO]$还原而产生的，系挥发性碱性含氮物质，将此项物质抽提于无水甲苯中，与苦味酸作用，形成黄色的苦味酸三甲胺盐，然后与标准管同时比色，即可测得试样中三甲胺氮含量。

 实验实施

1. 实验准备

(1) 仪器与设备

1) Maijel Gerson 反应瓶：25 mL。

2) 玻塞锥形瓶：100 mL 或 150 mL。

3) 量筒：100 mL。

4) 试管。

5) 吸管。

6) 微量或半微量凯氏蒸馏器。

7) 分光光度计。

（2）试剂与药品

1）20%三氯乙酸溶液。

2）甲苯：试剂级，用无水硫酸钠脱水，再用0.5 mol/L硫酸振摇，蒸馏，除干扰物质，最后再用无水硫酸钠脱水使其干燥。

3）苦味酸甲苯溶液

①储备液：将2 g干燥的苦味酸（试剂级）溶于100 mL无水甲苯中，使其成为2%苦味酸甲苯溶液。

②应用液：将储备液稀释成为0.02%苦味酸甲苯溶液即可应用。

4）碳酸钾溶液（1+1）。

5）10%甲醛溶液：先将甲醛（试剂级，含量为36%~38%）用碳酸镁振摇处理并过滤，然后稀释成10%浓度。

6）无水硫酸钠。

7）三甲胺氮标准溶液配制：称取盐酸三甲胺（试剂级）约0.5 g，稀释至100 mL，取其5 mL再稀释至100 mL，取最后稀释液5 mL用微量或半微量凯氏蒸馏法准确测定三甲胺氮量，并且计算出每毫升的含量，然后稀释使每毫升含有100 μg的三甲胺氮，作为储备液用。测定时将上述储备液10倍稀释，使每毫升含有10 μg三甲胺氮。准确吸取最后稀释标准液1.0 mL、2.0 mL、3.0 mL、4.0 mL、5.0 mL（相当于10 μg、20 μg、30 μg、40 μg、50 μg）于25 mL Maijel Gerson反应瓶中，加蒸馏水至5.0 mL，并同时做一空白，以下处理按试样操作方法，以光密度数制备成标准曲线。

2. 实验步骤

（1）样品预处理

取被检肉样20 g（视试样新鲜程度确定取样量）剪细研匀，加水70 mL移入玻塞锥形瓶中，并且加20%三氯乙酸10 mL，振摇，沉淀蛋白后过滤，滤液即可供测定用。

（2）测定

取上述滤液5 mL（也可视试样新鲜程度确定之，但必须加水补足至5 mL）于Maijel Gerson反应瓶中，加10%甲醛溶液1 mL、甲苯10 mL及碳酸钾溶液（1+1）3 mL，立即盖塞，上下剧烈振摇60次，静置20 min，吸去下面水层，加入无水硫酸钠约0.5 g进行脱水，吸出5 mL于预先已置有0.02%苦味酸甲苯溶液5 mL的试管中，在410 nm处或用蓝色滤光片测得吸光度，并且做一个空白实验，同时将上述二甲胺氮标准溶液（相当于10 μg、20 μg、30 μg、40 μg、50 μg）按上法同样测定，制备标准曲线。

3. 结果计算

$$X = \dfrac{m \times \dfrac{OD_1}{OD_2}}{m_1 \times \dfrac{V_1}{V_2}} \times 100$$

式中　X——肉样中三甲胺氮含量（mg/100 g）；

OD_1——试样光密度；

OD_2——标准光密度；

m——标准管三甲胺氮质量（mg）；

m_1——试样质量(g)；

V_1——测定时体积(mL)；

V_2——稀释后体积(mL)。

任务二　盐酸萘乙二胺法测定亚硝酸盐含量

<难度指数> ★★★

 学习目标

1. 知识目标

(1) 知道肉制品中亚硝酸盐的限值。

(2) 掌握盐酸萘乙二胺法测定亚硝酸盐含量的基本原理与操作方法。

(3) 了解亚硝酸盐的性质及应用。

2. 能力目标

(1) 能熟练操作分光光度计。

(2) 能正确配制亚硝酸盐标准溶液、4 g/L 对氨基苯磺酸、2 g/L 盐酸萘乙二胺溶液，并且知道如何保存溶液。

(3) 会制作标准曲线，并且使用标准曲线计算样品含量。

3. 情感态度价值观目标

知道亚硝酸盐在肉制品产业中的不可替代的作用。

 任务描述

对于给定的肉制品，按照标准对样品进行采样、预处理，配制亚硝酸盐标准溶液，制作标准曲线，根据标准曲线计算出样品里面的亚硝酸盐含量［参照《食品安全国家标准　食品中亚硝酸盐与硝酸盐的测定》(GB 5009.33—2010)］。

 任务描述

盐酸萘乙二胺法测定亚硝酸盐含量流程如图 1-35 所示。

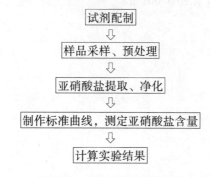

图 1-35　盐酸萘乙二胺法测定亚硝酸盐含量流程

 知识储备

1. 亚硝酸盐及其限量标准

亚硝酸盐是一类无机化合物的总称。在食品工业中应用最广泛的是亚硝酸钠。亚硝酸钠为白色粉末，易溶于水，味微咸，外观及滋味都与食盐相似，在工业、建筑业中广为使用。亚硝酸盐在食品工业允许作为肉类制品的护色剂和防腐剂限量使用。作为护色剂的原因主要是亚硝酸盐在酸性条件下会生成亚硝酸，在常温下也可分解产生亚硝基，此时生成的亚硝基会很快与肌红蛋白反应生成稳定的、鲜艳的、亮红色的亚硝化肌红蛋白，故使肉制品可保持稳定的鲜艳状态。而作为防腐剂的原因则是可以抑制肉毒梭状芽孢杆菌的生长，而目前并没有其他物质可以代替。

过量亚硝酸盐对人体具有毒性。急性毒性主要表现在可使血液中的低铁血红蛋白氧化成高铁血红蛋白，失去运输氧的能力而引起组织缺氧性损害，因此急性亚硝酸盐中毒的症状主要是缺氧造成的紫绀现象，如口唇、舌尖、指尖青紫，重者眼结膜、面部及全身皮肤青紫。一般，中毒者头晕、头疼、乏力、心跳加速、嗜睡或烦躁、呼吸困难、恶心、呕吐、腹痛、腹泻，严重者昏迷、惊厥、大小便失禁，可因呼吸衰竭而死亡。除此之外，亚硝酸盐摄入过量还有可能致癌，其机理是在胃酸等环境下亚硝酸盐与食物中的仲胺、叔胺和酰胺等反应生成强致癌物 N-亚硝胺。

我国规定亚硝酸钠只能应用于肉罐头和肉类制品，肉罐头和肉制品最大使用量不超过 0.15 g/kg。残留量以亚硝酸钠计，肉罐头不超过 50 mg/kg，肉制品根据不同分类有不同的最大使用量。

2. 亚硝酸盐检测的原理

肉制品中亚硝酸盐的盐酸萘乙二胺检测法原理是样品经过沉淀蛋白质、除去脂肪后，在弱酸性条件下，亚硝酸盐与对氨基苯磺酸重氮化，产生重氮盐，此重氮盐与偶合试剂盐酸萘乙二胺偶合形成紫红色染料，其最大吸收波长为 538 nm，测定吸光度并与标准溶液比较可以定量。

实验实施

1. 实验准备

（1）仪器与设备

1）天平：感量为 0.000 1 g 和 0.001 g。

2）组织捣碎机。

3）超声波清洗器。

4）恒温干燥箱。

5）分光光度计。

6）烧杯：50 mL。

7）容量瓶：500 mL。

8）具塞比色管：50 mL。

（2）试剂与药品

除非另有规定，本方法所用试剂均为分析纯。水为二级水或去离子水。

1）亚铁氰化钾 $[K_4Fe(CN)_6 \cdot 3H_2O]$。

2）乙酸锌 $[Zn(CH_3COO)_2 \cdot 2H_2O]$。

3）冰醋酸 (CH_3COOH)。

4）硼酸钠（$Na_2B_4O_7 \cdot 10H_2O$）。

5）盐酸（$\rho = 1.19$ g/mL）。

6）氨水：25%（V/V）。

7）对氨基苯磺酸（$C_6H_7NO_3S$）。

8）盐酸萘乙二胺（$C_{12}H_{14}N_2 \cdot 2HCl$）。

9）亚硝酸钠（$NaNO_2$）。

10）亚铁氰化钾溶液（106 g/L）：称取 106.0 g 亚铁氰化钾，用水溶解，并且稀释至 1 000 mL。

11）乙酸锌溶液（220 g/L）：称取 220.0 g 乙酸锌，先加 30 mL 冰醋酸溶解，用水稀释至 1 000 mL。

12）饱和硼砂溶液（50 g/L）：称取 5.0 g 硼酸钠，溶于 100 mL 热水中，冷却后备用。

13）盐酸（0.1 mol/L）：量取 5 mL 盐酸，用水稀释至 600 mL。

14）对氨基苯磺酸溶液（4 g/L）：称取 0.4 g 对氨基苯磺酸，溶于 100 mL 20%（V/V）盐酸中，置棕色瓶中混匀，避光保存。

15）盐酸萘乙二胺溶液（2 g/L）：称取 0.2 g 盐酸萘乙二胺，溶于 100 mL 水中，混匀后，置棕色瓶中，避光保存。

16）亚硝酸钠标准溶液（200 μg/mL）：准确称取 0.100 0 g 于 110 ~ 120 ℃ 干燥恒重的亚硝酸钠，加水溶解移入 500 mL 容量瓶中，加水稀释至刻度，混匀。

17）亚硝酸钠标准使用液（5.0 μg/mL）：临用前，吸取亚硝酸钠标准溶液 5.00 mL，置于 200 mL 容量瓶中，加水稀释至刻度。

2. 实验步骤

（1）样品预处理

肉制品样品用四分法取适量或取全部样品，用组织捣碎机制成匀浆备用。

（2）提取

称取 5 g（精确至 0.01 g）制成匀浆的试样（如制备过程中加水，应按加水量折算），置于 50 mL 烧杯中，加 12.5 mL 饱和硼砂溶液，搅拌均匀，以 70 ℃ 左右的水约 300 mL 将试样洗入 500 mL 容量瓶中，于沸水浴中加热 15 min，取出置冷水浴中冷却，并且放置至室温。

（3）提取液净化

在振荡上述提取液时加入 5 mL 亚铁氰化钾溶液，摇匀，再加入 5 mL 乙酸锌溶液，以沉淀蛋白质。加水至刻度，摇匀，放置 30 min，除去上层脂肪，上清液用滤纸过滤，弃去初滤液 30 mL，滤液备用。

（4）亚硝酸盐的测定

吸取 40.0 mL 上述滤液于 50 mL 具塞比色管中，另吸取 0.00 mL、0.20 mL、0.40 mL、0.60 mL、0.80 mL、1.00 mL、1.50 mL、2.00 mL、2.50 mL 亚硝酸钠标准使用液（相当于 0.0 μg、1.0 μg、2.0 μg、3.0 μg、4.0 μg、5.0 μg、7.5 μg、10.0 μg、12.5 μg 亚硝酸钠），分别置于 50 mL 具塞比色管中。于标准管与试样管中分别加入 2 mL 对氨基苯磺酸溶液（4 g/L），混匀，静置 3 ~ 5 min 后各加入 1 mL 盐酸萘乙二胺溶液（2 g/L），加水至刻度，混匀，静置 15 min，用 2 cm 比色杯，以零管调节零点，于波长 538 nm 处测吸光度，绘制标准曲线比较。同时作试剂空白试验。

71

3. 亚硝酸盐（以亚硝酸钠计）含量计算

$$X = \frac{A_1 \times 1\ 000}{m \times \dfrac{V_1}{V_0} \times 1\ 000}$$

式中　X——试样中亚硝酸钠的含量(mg/kg)；

　　　A_1——测定用样液中亚硝酸钠的质量(μg)；

　　　m——试样质量(g)；

　　　V_1——测定用样液体积(mL)；

　　　V_0——试样处理液总体积(mL)。

4. 精密度

以重复性条件下获得的两次独立测定结果的算术平均值表示，结果保留 2 位有效数字。在重复性条件下获得的两次独立测定结果的绝对差值不得超过算术平均值的 10%。

 知识拓展

肉制品中亚硝酸盐还可以采用离子色谱法进行测定。其原理是试样经沉淀蛋白质、除去脂肪后，采用相应的方法提取和净化，以氢氧化钾溶液为淋洗液，阴离子交换柱分离，电导检测器检测。以保留时间定性，外标法定量。

1. 实验准备

（1）仪器与设备

1）离子色谱仪：包括电导检测器，配有抑制器，高容量阴离子交换柱，50 μL 定量环。

2）组织捣碎机。

3）超声波清洗器。

4）天平：感量为 0.000 1 g 和 0.001 g。

5）离心机：转速≥10 000 r/min，配 5 mL 或 10 mL 离心管。

6）水性滤膜针头滤器：0.22 μm。

7）净化柱：包括 C_{18} 柱、Ag 柱和 Na 柱或等效柱。

8）注射器：1.0 mL 和 2.5 mL。

9）容量瓶：100 mL。

注：所有玻璃器皿使用前均需依次用 2 mol/L 氢氧化钾和水分别浸泡 4 h，然后用水冲洗 3～5 次，晾干备用。

（2）试剂与药品

1）超纯水：电阻率＞18.2 MΩ·cm。

2）乙酸(CH_3COOH)：分析纯。

3）氢氧化钾(KOH)：分析纯。

4）乙酸溶液(3%)：量取乙酸 3 mL 于 100 mL 容量瓶中，以水稀释至刻度，混匀。

5）亚硝酸根离子(NO_2^-):标准溶液(100 mg/L,水基体)。

6）硝酸根离子(NO_3^-):标准溶液(1 000 mg/L,水基体)。

7）亚硝酸盐(以 NO_2^- 计,下同)和硝酸盐(以 NO_3^- 计,下同)混合标准使用液：准确移取亚硝酸根离子(NO_2^-)和硝酸根离子(NO_3^-)的标准溶液各 1.0 mL 于 100 mL 容量瓶中,用水稀释至刻度,此溶液每 1 L 含亚硝酸根离子 1.0 mg 和硝酸根离子 10.0 mg。

2. 实验步骤

（1）试样预处理

用四分法取适量或取全部,用食物粉碎机制成匀浆备用。

（2）提取

1）鱼类、肉类:称取试样匀浆 5 g(精确至 0.01 g,可适当调整试样的取样量,以下相同),以 80 mL 水洗入 100 mL 容量瓶中,超声提取 30 min,每隔 5 min 振摇一次,保持固相完全分散。于 75 ℃水浴中放置 5 min,取出放置至室温,加水稀释至刻度。溶液经滤纸过滤后,取部分溶液于 10 000 r/min 离心 15 min,上清液备用。

2）腌鱼类、腌肉类及其他腌制品:称取试样匀浆 2 g(精确至 0.01 g),以 80 mL 水洗入 100 mL 容量瓶中,超声提取 30 min,每 5 min 振摇一次,保持固相完全分散。于 75 ℃水浴中放置 5 min,取出放置至室温,加水稀释至刻度。溶液经滤纸过滤后,取部分溶液于 10 000 r/min 离心 15 min,上清液备用。

取上述备用的上清液约 15 mL,通过 0.22 μm 水性滤膜针头滤器、C_{18} 柱,弃去前面 3 mL(如果氯离子大于 100 mg/L,则需要依次通过针头滤器、C_{18} 柱、Ag 柱和 Na 柱,弃去前面 7 mL),收集后面洗脱液待测。

固相萃取柱使用前需进行活化,如使用 OnGuard Ⅱ RP 柱(1.0 mL)、OnGuard Ⅱ Ag 柱(1.0 mL)和 OnGuard Ⅱ Na 柱(1.0 mL),其活化过程为:OnGuard Ⅱ RP 柱(1.0 mL)使用前依次用 10 mL 甲醇、15 mL 水通过,静置活化 30 min。OnGuard Ⅱ Ag 柱(1.0 mL)和 OnGuard Ⅱ Na 柱(1.0 mL)用 10 mL 水通过,静置活化 30 min。

（3）参考色谱条件

1）色谱柱:氢氧化物选择性,可兼容梯度洗脱的高容量阴离子交换柱,如 Dionex IonPac AS11-HC 4 mm×250 mm(带 IonPac AG 11-HC 型保护柱 4 mm×50 mm),或者性能相当的离子色谱柱。

2）淋洗液:一般试样用氢氧化钾溶液,浓度为 6～70 mmol/L;洗脱梯度为 6 mmol/L 30 min,70 mmol/L 5 min,6 mmol/L 5 min;流速 1.0 mL/min。

3）抑制器:连续自动再生膜阴离子抑制器或等效抑制装置。

4）检测器:电导检测器,检测池温度为 35 ℃。

5）进样体积:50 μL(可根据试样中被测离子含量进行调整)。

（4）测定

1）标准曲线:移取亚硝酸盐和硝酸盐混合标准使用液,加水稀释,制成系列标准溶液,含亚硝酸根离子浓度为 0.00 mg/L、0.02 mg/L、0.04 mg/L、0.06 mg/L、0.08 mg/L、0.10 mg/L、0.15 mg/L、0.20 mg/L;硝酸根离子浓度为 0.0 mg/L、0.2 mg/L、0.4 mg/L、0.6 mg/L、0.8 mg/L、1.0 mg/L、1.5 mg/L、2.0 mg/L 的混合标准溶液,从低到高浓度依次进样。得到上述各浓度标准溶液的色谱图(见图 1-36)。以亚硝酸根离子或硝酸根离子的浓度(mg/L)为横坐标,以峰高(μS)或峰面积为纵坐标,绘制标准曲线或计算线性回归方程。

73

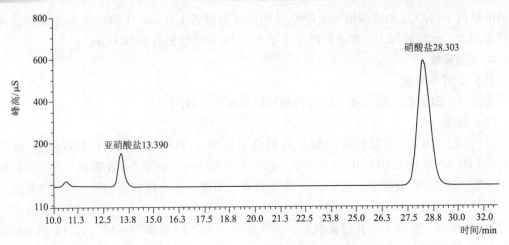

图 1-36　亚硝酸盐和硝酸盐混合标准溶液的色谱图

2）样品测定：分别吸取空白和试样溶液 50 μL，在相同工作条件下，依次注入离子色谱仪中，记录色谱图。根据保留时间定性，分别测量空白和样品的峰高（μS）或峰面积。

3. 结果计算及表述

$$X = \frac{(c - c_0) \times V \times f \times 1\,000}{m \times 1\,000}$$

式中　X——试样中亚硝酸根离子或硝酸根离子的含量（mg/kg）；

　　　c——测定用试样溶液中的亚硝酸根离子或硝酸根离子浓度（mg/L）；

　　　c_0——试剂空白液中亚硝酸根离子或硝酸根离子的浓度（mg/L）；

　　　V——试样溶液体积（mL）；

　　　f——试样溶液稀释倍数；

　　　m——试样取样量（g）。

说明：试样中测得的亚硝酸根离子含量乘以换算系数 1.5，即得亚硝酸盐（按亚硝酸钠计）含量；试样中测得的硝酸根离子含量乘以换算系数 1.37，即得硝酸盐（按硝酸钠计）含量。以重复性条件下获得的两次独立测定结果的算术平均值表示，结果保留 2 位有效数字。

4. 精密度

在重复性条件下获得的两次独立测定结果的绝对值差不得超过算术平均值的 10%。

项目五 水的检验

 项目概述

水是焙烤食品生产的重要原料。在面包生产中，水的用量占到小麦粉用量的50%以上，是面包生产的四大要素原料之一。饼干、糕点中用水量不多，但是水是形成面团的重要原料。

在焙烤食品生产中，水的质量直接影响产品的质量和卫生。焙烤食品生产中的用水按照水质可以分为软水、硬水、碱性水、酸性水和咸水等。

水在焙烤食品中的主要作用有以下几个方面：

1）水化作用。小麦粉中的蛋白质吸收水分，胀润形成面筋网络，构成制品骨架。另外淀粉吸水糊化，形成具有加工性能的面团。

2）水可以调节和控制面团的黏稠度。

3）水可以溶解干性原、辅材料，使各种原、辅材料充分混合，成为均匀一体的面团或面糊。

4）水可以调节和控制面团温度，并且是烘焙、蒸制的传热介质。

5）水可以促进酵母生长及酶的水解作用，是各种生化反应的介质。

6）水可以保持烘焙制品的柔软性和口感。

无论是食品生产的原料用水，还是食品生产经营过程中的非工艺用水，都必须符合我国国标《生活饮用水卫生标准》（GB 5749—2006）的规定。

任务一 原水样味和臭的测定

<难度指数> ★

 学习目标

1. 知识目标

掌握水中味和臭测定的方法。

2. 能力目标

会判定水中味和臭的强度。

3. 情感态度价值观目标

了解生活用水的各项指标，借以指导生活。

 任务描述

对于给定的水样，能用嗅气法和尝味法测定其臭和味，并且能够按照国标给定的方法，判定水中味和臭的强度[参照《生活饮用水标准检验方法 感官性状和物理指标》（GB/T

5750.4—2006）〕。

 **任务分解**

原水样味和臭的测定流程如图 1-37 所示。

图 1-37　原水样味和臭的测定流程

 知识储备

　　饮用水的水质感官指标中臭和味是最容易被用户感知的，人们会因为水中不良气味而产生抵触。许多研究表明，饮用水中的臭和味一般不会造成公共健康威胁，但某些臭和味问题可能由于严重的化学或生物相关事件引起，因此找出饮用水臭和味问题的来源及去除方法具有重要意义。

　　饮用水中异臭异味的来源主要包括以下几个方面：

　　1）水厂处理工艺引起的异臭异味问题。原水水质欠佳，经过水厂处理时，致臭物质未能有效去除。

　　2）出厂水在管网输送过程中发生物理、化学及生物反应，引入杂质而产生臭和味，如管道生锈引起金属味，微生物如真菌、细菌分泌异味物质。或者由于管材管质不佳、系统的设计不周及系统的操作不当引起异臭和异味。

　　3）室内给水系统的原因，如室内给水管道腐蚀引起苦味。

　　4）外部污染事件导致异臭异味。

 实验实施

1. 实验准备

锥形瓶：250 mL。

2. 实验步骤

（1）水样采集

　　1）采样容器：应根据待测组分的特性选择合适的采样容器。容器的材质的化学稳定性强，并且不应与水样中组分发生反应，容器壁不应吸收或吸附待测组分。采样容器应可以适应环境温度的变化，抗震性能强。采样容器的大小、形状和重量应适宜，能严密封口，并且容易打开和易清洗。尽量选用细口容器，容器的盖和塞的材料应与容器材料统一。在特殊情况下需用软木塞或橡胶塞时应用稳定的金属箔或聚乙烯薄膜包裹，最好有蜡封。有机物和某些微生物检用的样品容器不能用橡胶塞，碱性的液体样品不能用玻璃塞。对无机物、金属和放射性元素测定水样应使用有机材质的采样容器，如聚乙烯塑料容器等。对有机物和微生物学指标测定水样应使用玻璃材质的采样容器。特殊项目测定的水样可选用其他化学惰性材料材质的容器，如热敏物质应选用热吸收玻璃容器；温度高、压力大的样品或含痕量有机物的样品应选用不锈钢容器；生物（含藻类）样品应选用不透明的非活性玻璃容器，并且存放阴暗处；光敏性物质应选用棕色或深色的容器。

2）采样容器的洗涤：

①测定一般理化指标的采样容器的洗涤：将容器用水和洗涤剂清洗，除去灰尘、油垢后用自来水冲洗干净，然后用质量分数10%的硝酸（或盐酸）浸泡8 h，取出沥干后用自来水冲洗3次，并且用蒸馏水充分淋洗干净。

②测定有机物指标采样容器的洗涤：用重铬酸钾洗液浸泡24 h，然后用自来水冲洗干净。用蒸馏水淋洗后置烘箱内180 ℃烘4 h，冷却后再用纯化过的己烷、石油醚冲洗数次。

③测定微生物学指标采样容器的洗涤和灭菌：

容器洗涤：将容器用自来水和洗涤剂洗涤，并且用自来水彻底冲洗后用质量分数为10%的盐酸溶液浸泡过夜。然后依次用自来水、蒸馏水洗净。

容器灭菌：热力灭菌是最可靠且普遍应用的方法。热力灭菌分干热和高压蒸汽灭菌两种。干热灭菌要求160 ℃下维持2 h。高压蒸汽灭菌要求121 ℃下维持15 min，高压蒸汽灭菌后的容器如不立即使用，应于60 ℃将瓶内冷凝水烘干。灭菌后的容器应在2周内使用。

3）水样采集：测定理化指标时，采样前应先用水样荡洗采样器、容器和塞子2～3次（油类除外）。

同一水源、同一时间采集几类检测指标的水样，应先采集供微生物学指标检测的水样。采样时应直接采集，不得用水样刷洗已灭菌的采样瓶，并且避免手指和其他物品对瓶口的污染。

4）注意事项：

①采样时不可搅动水底的沉积物。

②采集测定油类的水样时，应在水面至水面下300 mm采集柱状水样，全部用于测定。不能用采集的水样冲洗采样器（瓶）。

③采集测定溶解氧、生化需氧量和有机污染物的水样时应注满容器，上部不留空间，并且采用水封。

④含有可沉降性固体（如泥沙等）的水样，应分离除去沉积物，分离方法为：将所采水样摇匀后倒入筒形玻璃容器（如量筒），静置30 min，将已不含沉降性固体但含有悬浮性固体的水样移入采样容器并加入保存剂。测定总悬浮物和油类的水样除外。需要分别测定悬浮物和水中所含组分时，应在现场将水样经0.45 μm膜过滤后，分别加入固定剂保存。

⑤测定油类、BOD_5、硫化物、微生物学、放射性等项目要单独采样。

⑥完成现场测定的水样，不能带回实验室供其他指标测定使用。

（2）样品测定

1）原水样的臭和味

取100 mL水样，置于250 mL锥形瓶中，振摇后从瓶口嗅水的气味，用适当文字描述，并且按6级记录其强度，见表1-6。

与此同时，取少量水样放入口中（此水样应对人体无害），不要咽下，品尝水的味道，予以描述，并且按6级记录强度，见表1-6。

2）原水煮沸后的臭和味

将上述锥形瓶内水样加热至开始沸腾，立即取下锥形瓶，稍冷后按上述方法嗅气和尝味，用适当的文字加以描述，并且按6级记录其强度，见表1-6。

表1-6　臭和味的强度等级

等级	强度	说明
0	无	无任何臭和味
1	微弱	一般饮用者甚难察觉，但臭、味敏感者可以发觉
2	弱	一般饮用者刚能察觉
3	明显	已能明显察觉
4	强	已有很显著的臭味
5	很强	有强烈的恶臭和异味

注：必要时可用经活性炭处理过的纯水作为无臭对照。

任务二　水样色度和混浊度的测定

＜难度指数＞★★

 学习目标

1. 知识目标

（1）知道水样色度、混浊度的测定方法。

（2）知道水样色度、混浊度测定中标准溶液配制方法。

2. 能力目标

能按照方法配制标准色度和混浊度溶液，对水样的色度和混浊度进行目视测定。

3. 情感态度价值观目标

通过实验，树立和强化一些样品指标在进行主观判定时的客观意识。

 任务描述

对给定的水样进行色度和混浊度的目视测定［参照《生活饮用水标准检验方法　感官性状和物理指标》（GB/T 5750.4—2006）］。

 任务分解

水样色度和混浊度测定流程如图1-38所示。

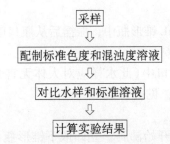

图1-38　水样色度和混浊度测定流程

知识储备

1. 水的色度

纯水是无色透明的，当水中存在某些物质时，会表现出一定的颜色。溶解性的有机物、部分无机离子和有色悬浮微粒均可使水着色。pH 值对色度有较大的影响，在测定色度的同时，应测量溶液的 pH 值。天然水和轻度污染水可用铂-钴标准比色法测定色度，其原理是用氯铂酸钾和氯化钴配制成与天然水黄色色调相似的标准色列，用于水样目视比色测定。规定 1 mg/L 铂（以 $PtCl_6^{2-}$ 形式存在）所具有的颜色作为 1 个色度单位，称为 1 度。即使轻微的混浊度也会干扰测定，混浊水样测定时需先离心使之清澈。工业有色废水常用稀释倍数法辅以文字描述。

我国规定生活用水的色度值要小于或等于 15 度。

2. 水的混浊度

混浊度是表现水中悬浮物对光线透过时所发生的阻碍程度。水中含有泥沙、粉沙、微细有机物、无机物、浮游动物和其他微生物等悬浮物和胶体物都可使水样呈现混浊，使通过水样的部分光线被吸收或被散射，而不是直线穿透。因此，混浊现象是水样的一种光学性质。水的混浊度大小不仅和水中存在颗粒物含量有关，而且和其粒径大小、形状、颗粒表面对光散射特性有密切关系。测定混浊度的方法有目视比色法、分光光度法、浊度仪法等。在这里只介绍目视比色法，其原理是硫酸肼与环六亚甲基四胺在一定温度下可聚合生成一种白色的高分子化合物，可用作混浊度标准，用目视比浊法测定水样的混浊度。

我国规定生活用水的混浊度值要小于或等于 1NTU。

混浊度与色度虽然都是水的光学性质，但它们是有区别的。色度是由水中的溶解物质所引起的，而混浊度则是由水中不溶解物质引起的。所以，有的水样色度很高但并不混浊，反之亦然。

在水质分析中，混浊度的测定通常仅用于天然水和饮用水，至于生活污水和工业废水，由于含有大量的悬浮状污染物质，因而大多是相当混浊的，这种水样一般只作悬浮固体的测定而不作混浊度的测定。

 实验实施

1. 实验准备

（1）仪器设备

1）成套高型无色具塞比色管：50 mL。

2）离心机。

3）比色管。

（2）试剂与药品

铂-钴标准溶液：称取 1.246 g 氯铂酸钾（K_2PtCl_6）和 1.000 g 干燥的氯化钴（$CoCl_2 \cdot 6H_2O$），溶于 100 mL 纯水中，加入 100 mL 盐酸（$\rho_{20} = 1.19$ g/mL），用纯水定容至 1 000 mL。此标准溶液的色度为 500 度。

2. 实验步骤

1）取 50 mL 透明的水样于比色管中。如水样色度过高，可取少量水样，加纯水稀释后

79

比色，将结果乘以稀释倍数。

2）另取比色管 11 支，分别加入铂-钴标准溶液 0 mL、0.50 mL、1.00 mL、1.50 mL、2.00 mL、2.50 mL、3.00 mL、3.50 mL、4.00 mL、4.50 mL 和 5.00 mL，加纯水至刻度，摇匀，配制成色度为 0 度、5 度、10 度、15 度、20 度、25 度、30 度、35 度、40 度、45 度和 50 度的标准色列，可长期使用。

3）将水样与铂-钴标准色列比较。如水样与标准色列的色调不一致，即为异色，可用文字描述。

3. 结果计算

$$色度（度）= \frac{V_1 \times 500}{V}$$

式中　V_1——相当于铂-钴标准溶液的用量（mL）；

　　　　V——水样体积（mL）。

任务三　水中溶解性总固体的测定

＜难度指数＞★★

80

 学习目标

1. 知识目标

（1）知道水中溶解性总固体的定义。

（2）掌握水中溶解性总固体测定的原理及方法。

2. 能力目标

（1）熟练使用干燥箱、分析天平、移液管等分析仪器。

（2）能阅读并理解、使用国家标准。

3. 情感态度价值观目标

了解水中的溶解性固体种类，知道生活用水的溶解性固体限量标准。

 任务描述

对给定的水样用称量法对水中的溶解性总固体进行测定［参照《生活饮用水检验标准感官性状和物理指标》(GB/T 5750.4—2006)］。

 任务分解

水中溶解性总固体的测定流程如图 1-39 所示。

$$\boxed{采样}$$
$$\Downarrow$$
$$\boxed{105\ ℃\pm3\ ℃下烘干恒重或在\ 180\ ℃\pm3\ ℃下烘干恒重}$$
$$\Downarrow$$
$$\boxed{计算实验结果}$$

图 1-39　水中溶解性总固体的测定流程

知识储备

　　水中溶解性总固体曾经被称为总矿化度，是指溶解于水中的固体组分，如氯化物、硫酸盐、硝酸盐、重碳酸盐及硅酸盐，包括溶解于地下水中的各种离子、分子、化合物和不易挥发的可溶性盐类和有机物的总量，但不包括悬浮物和溶解气体，一般以 mg/L 表示，它是水质的一个重要指标。我国规定饮用水中溶解性总固体不大于 1 000 mg/L。

　　水中溶解性总固体的测定原理是水样经过滤后，在一定温度下烘干，所得的固体残渣称为溶解性总固体，包括不易挥发的可溶性盐类、有机物及能通过滤器的不溶性微粒等。烘干温度一般采用 105 ℃ ±3 ℃。但 105 ℃ 的烘干温度不能彻底除去高矿化水样中盐类所含的结晶水，采用 180 ℃ ±3 ℃ 烘干温度，可得到较为准确的结果。

　　当水样的溶解性总固体中含有多量的氯化钙、硝酸钙、氯化镁、硝酸镁时，由于这些化合物具有强烈的吸温性使称量不能恒定质量，此时可在水样中加入适量碳酸钠溶液而得到改进。

 实验实施

1. 实验准备

（1）仪器与设备

1）分析天平：感量 0.000 1 g。

2）水浴锅。

3）电恒温干燥箱。

4）瓷蒸发皿：100 mL。

5）干燥器：用硅胶作为干燥剂。

6）中速定量滤纸或滤膜（孔径 0.45 μm）及相应滤器。

7）无分度吸管。

（2）试剂

碳酸钠溶液（10 g/L）：称取 10 g 无水碳酸钠（Na_2CO_3），溶于纯水中，稀释至 1 000 mL。

2. 实验步骤

（1）溶解性总固体（在 105 ℃ ±3 ℃ 下烘干）

1）将蒸发皿洗净，放在 105 ℃ ±3 ℃ 干燥箱内 30 min，取出，于干燥器内冷却 30 min。

2）在分析天平上称量，再次烘烤、称量，直至恒定质量（两次称量相差不超过 0.000 4 g）。

3）将水样上清液用滤器过滤。用无分度吸管吸取过滤水样 100 mL 于蒸发皿中，水样的溶解性总固体过少时可增加水样体积。

4）将蒸发皿置于水浴上蒸干（水浴液面不要接触皿底）。将蒸发皿移入 105 ℃ ±3 ℃ 干燥箱内，1 h 后取出，放干燥器内冷却 30 min，称量。

5）将称过质量的蒸发皿再放入 105 ℃ ±3 ℃ 干燥箱内 30 min，放干燥器内冷却 30 min，称量，直至恒定质量。

（2）溶解性总固体（在 180 ℃ ±3 ℃ 下烘干）。

将蒸发皿在 180 ℃ ±3 ℃ 烘干并称量至恒定质量。吸取 100 mL 水样于蒸发皿中，精确加入 25.0 mL 碳酸钠溶液于蒸发皿内，混匀。同时做一个加 25.0 mL 碳酸钠溶液的空白。

计算水样结果时应减去碳酸钠空白的质量。

3. 结果计算

$$\rho(\text{TDS}) = \frac{(m_1 - m_2) \times 1\,000 \times 1\,000}{V}$$

式中　$\rho(\text{TDS})$——水样中溶解性总固体的质量浓度（mg/L）；

　　　　m_2——蒸发皿的质量（g）；

　　　　m_1——蒸发皿和溶解性总固体的质量（g）；

　　　　V——水样体积（mL）。

任务四　水中游离余氯的测定

<难度指数>★★

 学习目标

1. 知识目标

（1）知道游离余氯的来源。

（2）知道水中游离余氯的作用及其对人体的危害。

（3）掌握水中游离余氯测定的原理和方法。

2. 能力目标

（1）会测定水中游离余氯的含量。

（2）学会使用分光光度计。

（3）会制作标准曲线并根据标准曲线计算样品含量。

3. 情感态度价值观目标

知道水中游离氯的作用和其超标对人体的危害。

 任务描述

本方法主要采用国标生活饮用水标准检验方法—消毒剂指标（GB/T 5750.11—2006）中规定的方法一，即 N，N-二乙基-1，4-苯二胺（DPD）分光光度法，测定水样中的余氯含量，并如实、详细填写实验报告。

 任务分解

水中游离余氯测定流程如图 1-40 所示。

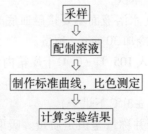

图 1-40　水中游离余氯测定流程

知识储备

1. 水中余氯的概念

为确保自来水符合安全卫生要求，避免发生水媒传染病，自来水在净水处理过程中要添加消毒剂，灭活水中的致病微生物。由于氯气性价比较高，因此在国内水处理行业中广泛采用。余氯，作为一种有效的杀菌消毒手段，仍被世界上超过80%的水厂使用着。所以，我国市政自来水中必须保持一定量的余氯，以确保饮用水的微生物指标安全。游离余氯是指水中的 ClO^+、$HClO$、Cl_2 等，是余氯的一种，其特点是杀菌速度快，杀菌力强，但消失快。自来水出水余氯是指游离余氯。

2. 水中游离余氯的作用及危害

自来水多以氯气消毒，当氯气溶于水中会变成次氯酸或次氯酸根离子，即俗称有效余氯，因次氯酸具有极高的氧化能力，如自来水含有效余氯，它在配水管中停留时可预防细菌的滋生，因此有效余氯在自来水的安全卫生上扮演极重要的角色。我国规定自来水管网末梢中的游离余氯含量要不小于0.05 mg/L。

但是，在氯与有机酸反应的过程中会生成包括三氯甲烷在内的致癌物质。历史上，在1974年，来自荷兰的Rook及来自美国的Belier第一次发现了经过氯消过毒的水中存在很多致癌物及会使人类基因产生突变的物质，这些物质有三卤甲等。后来在20世纪80年代的中期，科学家又在氯消毒过的水中发现另一类卤乙酸，这种物质对人体的伤害更大，它更容易致癌。目前，由于自来水净化一般使用氯气，而残留的余氯在加热的过程中会生成三氯甲烷这种致癌物，长期饮用会对人体造成非常大的危害。尤其是近年来水源污染越发的严重，直接导致自来水中余氯含量的增加。自来水余氯浓度过高的主要危害有：

1）刺激性很强，对呼吸系统有伤害。

2）易与水中有机物反应，生成三氯甲烷等致癌物。

3）作为生产原料的话，有可能起不良作用，如用其生产面包时，对发酵环节的酵母菌有杀菌作用，影响发酵。

3. 自来水余氯测定的原理

N，N-二乙基-1，4-苯二胺（DPD）能与水中游离余氯迅速反应而产生红色。在碘化物催化下，一氯胺也能与DPD反应显色。在加入DPD试剂前加入碘化物时，一部分三氯胺与游离余氯一起显色，通过变换试剂的加入顺序可测得三氯胺的浓度。本法可用高锰酸钾溶液配制永久性标准系列。

 实验实施

1. 实验准备

（1）仪器与设备

1）分光光度计。

2）具塞比色管：10 mL。

（2）试剂与药品

1）碘化钾晶体。

2）碘化钾溶液（5 g/L）：称取0.50 g碘化钾（KI），溶于新煮沸放冷的纯水中，并且稀释至 100 mL，储存于棕色瓶中，在冰箱中保存，若溶液变黄应弃去重配。

3）磷酸盐缓冲溶液(pH 6.5)：称取 24 g 无水磷酸氢二钠(Na_2HPO_4)，46 g 无水磷酸二氢钾(KH_2PO_4)，8 g 乙二胺四乙酸二钠(Na_2-EDTA)和 0.02 g 氯化汞($HgCl_2$)。依次溶解于纯水中稀释至 1 000 mL。

注：$HgCl_2$可防止霉菌生长，并且可消除试剂中微量碘化物对游离余氯测定造成的干扰。$HgCl_2$剧毒，使用时切勿入口和接触皮肤与手指。

4）N, N-二乙基-1, 4-苯二胺(DPD)溶液(1 g/L)：称取 1.0 g 盐酸 N, N-二乙基-1, 4-苯二胺 $[H_2N \cdot C_6H_4 \cdot N(C_2H_5)_2 \cdot 2HCl]$，或 1.5 g 硫酸 N, N-二乙基-1, 4-苯二胺 $[H_2N \cdot C_6H_4 \cdot N(C_2H_5)_2 \cdot 2H_2SO_4 \cdot 5H_2O]$，溶解于含 8 mL 硫酸溶液(1+3)和 0.2 g 乙二胺四乙酸二钠的无氯纯水中，并且稀释至 1 000 mL 储存于棕色瓶中，在冷暗处保存。

注：DPD 溶液不稳定，一次配制不宜过多，储存中如溶液颜色变深或褪色应重新配制。

5）亚砷酸钾溶(5.0 g/L)：称取 5.0 g 亚砷酸钾($KAsO_2$)，溶于纯水中，并且稀释至 1 000 mL。

6）硫代乙酰胺溶液(2.5 g/L)：称取 0.25 g 硫代乙酰胺($CH_2C_5NH_2$)，溶于 100 mL 纯水中。

注：硫代乙酰胺是可疑致癌物，切勿接触皮肤或吸入。

7）无需氯水：在无氯纯水中加入少量氯水或漂粉精溶液，使水中总余氯浓度约为 0.5 mg/L。加热煮沸除氯，冷却后备用。

注：使用前可加入碘化钾用本标准检验其总余氯。

8）氯标准储备溶液 $[\rho(Cl_2) = 1\ 000\ \mu g/mL]$：称取 0.891 0 g 优级纯高锰酸钾($KMnO_4$)，用纯水溶解并稀释至 1 000 mL。

注：用含氯水配制标准溶液，步骤烦琐且不稳定。经实验，标准溶液中高锰酸钾量与 DPD 和所示的余氯生成的红色相似。

9）氯标准使用溶液 $[\rho(Cl_2) = 1\ \mu g/mL]$：吸取 10.00 mL 氯标准储备溶液，加纯水稀释至 100 mL，混匀后取 1.00 mL 再稀释至 100 mL。

2. 实验步骤

1）标准曲线绘制：吸取 0 mL、0.1 mL、0.5 mL、2.0 mL、4.0 mL、8.0 mL 氯标准使用溶液置于 6 支 10 mL 具塞比色管中。用无需氯水稀释至刻度。各加入 5 mL 磷酸盐缓冲溶液和 0.5 mL DPD 溶液，混匀，于波长 515 nm 下以纯水为参比，测定吸光度，绘制标准曲线。

2）吸取 10 mL 水样置于 10 mL 比色管中，加入 0.5 mL 磷酸盐缓冲溶液和 0.5 mL DPD 溶液，混匀，立即于 515 nm 波长处以纯水为参比，测定吸光度，记录读数为 A，测量样品空白值，在读数中扣除。

注：如果样品中一氯胺含量过高，水样可用亚砷酸盐或硫代乙酰胺进行处理。

3）继续向上述试管中加入一小粒碘化钾晶体(约 0.1 g)，混匀后，再测量吸光度，记录读数为 B。

注：如果样品中二氯胺含量过高，可加入 0.1 mL 新配制的碘化钾溶液(1 g/L)。

4）再向上述试管加入碘化钾晶体(约 0.1 mg)混匀，2 min 后测量吸光度，记录读数为 C。

5）另取两支 10 mL 比色管，取 10 mL 水样于其中一支比色管中，然后加入一小粒碘化钾晶体(约 0.1 mg),混匀,于第二支比色管中加入 0.5 mL 磷酸盐缓冲溶液和 0.5 mL DPD 溶液化,然后将此混合液倒入第一管中,混匀。测量吸光度,记录读数为 N。

3. 结果计算

游离余氯和各种氯胺,根据存在的情况计算,见表 1-7。

表 1-7 水中游离余氯和各种氯胺

读 数	不含三氯胺的水样	含三氯胺的水样
A	游离余氯	游离余氯
$B-A$	一氯胺	一氯胺
$C-B$	二氯胺	二氯胺 + 50% 三氯胺
N		游离余氯 + 50% 三氯胺
$2(N-A)$		三氯胺
$C-N$		二氯胺

根据表中读数从标准曲线查出水样中游离余氯和各种化合余氯的含量,并且计算水样中余氯含量。

$$\rho(\text{Cl}_2) = \frac{m}{V}$$

式中 $\rho(\text{Cl}_2)$——水样中余氯的质量浓度(mg/L);

m——从标准曲线上查得余氯的质量(μg);

V——水样体积(mL)。

任务五 水的总硬度的测定

<难度指数> ★★

 ## 学习目标

1. 知识目标

(1)掌握水的总硬度的概念。

(2)掌握用乙二胺四乙酸二钠滴定法测定水的硬度的原理。

(3)了解测定过程中相关试剂的配制方法。

2. 能力目标

(1)能准确标定标准乙二胺四乙酸二钠标准溶液、锌标准溶液。

(2)能根据方法准确测定水的总硬度。

(3)能阅读并正确理解、运用国家标准。

3. 情感态度价值观目标

了解水的总硬度的概念及测定方法,知道水的硬度与健康的关系。

 ## 任务描述

用乙二胺四乙酸二钠(Na$_2$-EDTA)滴定法测定生活饮用水及其水源水的总硬度[参照《生活饮用水标准检验方法 感官性状和物理指标》(GB/T 5750.4—2006)],评价水样是否合格。

水的总硬度的测定流程如图1-41所示。

图1-41 水的总硬度的测定流程

 知识储备

1. 水的硬度

水的总硬度是指水中 Ca^{2+}、Mg^{2+} 的总量，它包括暂时硬度和永久硬度。水中钙、镁的酸式碳酸盐形式的部分，因其遇热即形成碳酸盐沉淀而被除去，故称为暂时硬度；而以硫酸盐、硝酸盐和氯化物等形式存在的部分，因其性质比较稳定，故称为永久硬度。

硬度是水质监测中一项重要指标，有时候也把硬度称为钙镁硬度。水的总硬度也受其他因素的影响，如 pH 值、总碱度等。水的总硬度以每升水中碳酸钙的质量表示。

硬水和软水尚无明显的区分界限，一般认为水中 $CaCO_3$ 少于 75 mg/L 时属于软水，超过此浓度时就是硬水。

水的硬度测定的原理是水样中的钙、镁离子与铬黑 T 指示剂形成紫红色螯合物，这些螯合物的不稳定常数大于乙二胺四乙酸钙和镁螯合物的不稳定常数。当 pH = 10 时，乙二胺四乙酸二钠先与钙离子、再与镁离子形成螯合物，滴定至终点时，溶液呈现出铬黑 T 指示剂的纯蓝色。根据消耗乙二胺四乙酸钠的体积，即可计算出水中的硬度值。

2. 水的硬度与人体健康的关系

许多国外研究显示，水的硬度并非越低就越好，美国、加拿大等国的有关研究部门对 6 个硬水地区和 6 个软水地区的居民进行配对研究，发现常年饮用硬度为 5 度以下软水的人群较前者血胆固醇含量、心率和血压均显著增加，心血管疾病的死亡率在 10.1% 以上。

国内许多调查研究机构也对这方面进行了细致研究，结果同样显示，饮用水硬度越低，冠心病、脑血管病的发病率越高。但是同时也有研究发现，并不是我们的饮用水的硬度越高越好，饮用硬度过高的水，对健康也存在某些不利的影响。经常饮用软水的人在饮用硬水之后，会出现腹泻和消化不良及胃肠道功能紊乱等症状。另外，长时间饮用硬水对泌尿系统结石的形成可能有促进作用。

我国规定饮用水硬度不能超过 450 mg/L(以 $CaCO_3$ 计)。

 实验实施

1. 实验准备

(1) 仪器与设备

1) 锥形瓶：150 mL。

2）滴定管：10 mL 或 25 mL。

（2）试剂与药品

1）缓冲溶液（pH = 10）。

①氯化铵-氢氧化铵溶液：称取 16.9 g 氯化铵，溶于 143 mL 氨水（$\rho_{20} = 0.88$ g/mL）中。

②称取 0.780 g 硫酸镁（$MgSO_4 \cdot 7H_2O$）及 1.178 g 乙二胺四乙酸二钠（Na_2-EDTA·$2H_2O$），溶于 50 mL 纯水中，加入 2 mL 氯化铵-氢氧化铵溶液和 5 滴铬黑 T 指示剂（此时溶液应呈紫红色，若为纯蓝色，应再加极少量硫酸镁使呈紫红色）。用 Na_2-EDTA 标准溶液滴定至溶液由紫红色变为纯蓝色。合并①及②溶液，并且用纯水稀释至 250 mL。合并后如溶液又变为紫红色，在计算结果时应扣除试剂空白。

注 1：此缓冲溶液应储存于聚乙烯瓶或硬质玻璃瓶中。由于使用中反复开盖使氨逸失而影响 pH 值。缓冲溶液放置时间较长，氨水浓度降低时，应重新配制。

注 2：配制缓冲溶液时加入 Mg-EDTA 是为了使某些含量较低的水样滴定终点更为敏锐。如果备有市售 Mg-EDTA 试剂，则可直接称取 1.25 g Mg-EDTA 加入 250 mL 缓冲溶液中。

注 3：以铬黑 T 为指示剂，用 Na_2-EDTA 滴定钙、镁离子时，在 pH 值 9.7～11 范围内，溶液越偏碱性，滴定终点越敏锐。但可使碳酸钙和氢氧化镁沉淀，从而造成滴定误差。因此，滴定 pH 值以 10 为宜。

2）硫化钠溶液（50 g/L）：称取 5.0 g 硫化钠（$Na_2S \cdot 9H_2O$）溶于纯水中，并且稀释至 100 mL。

3）盐酸羟胺溶液（10 g/L）：称取 1.0 g 盐酸羟胺（$NH_2OH \cdot HCl$），溶于纯水中，并且稀释至 100 mL。

4）氰化钾溶液（100 g/L）：称取 10.0 g 氰化钾（KCN）溶于纯水中，并且稀释至 100 mL。

注意：此溶液剧毒！

5）Na_2-EDTA 标准溶液［$c(Na_2\text{-EDTA}) = 0.01$ mol/L］：称取 3.72 g 乙二胺四乙酸二钠（$Na_2C_{10}H_{14}N_2O_8 \cdot 2H_2O$）溶解于 1 000 mL 纯水中，按下面①和②标定其准确浓度。

①锌标准溶液：称取 0.6～0.7 g 纯锌粒，溶于盐酸溶液（1 + 1）中，置于水浴上温热至完全溶解，移入容量瓶中，定容至 1 000 mL，并且按式（1-1）计算锌标准溶液的浓度。

$$c(\text{Zn}) = \frac{m}{65.39} \tag{1-1}$$

式中　$c(\text{Zn})$——锌标准溶液的浓度（mol/L）；

　　　m——锌的质量（g）；

　　　65.39——1 mol 锌的质量（g）。

②吸取 25.00 mL 锌标准溶液于 150 mL 锥形瓶中，加入 25 mL 纯水，加入几滴氨水调节溶液至近中性，再加 5 mL 缓冲溶液和 5 滴铬黑 T 指示剂，在不断振荡下，用 Na_2-EDTA 溶液滴定至不变的纯蓝色，按式（1-2）计算 Na_2-EDTA 标准溶液的浓度：

$$c(Na_2\text{-EDTA}) = \frac{c(\text{Zn}) \times V_2}{V_1} \tag{1-2}$$

式中　$c(Na_2\text{-EDTA})$——Na_2-EDTA 标准溶液的浓度（mol/L）；

　　　$c(\text{Zn})$——锌标准溶液的浓度（mol/L）；

V_1——消耗 Na_2-EDTA 溶液的体积(mL);

V_2——所取锌标准溶液的体积(mL)。

6)铬黑 T 指示剂:称取 0.5 g 铬黑 T($C_{20}H_{12}O_7N_3SNa$)用乙醇[$\varphi(C_2H_5OH)=95\%$]溶解,并且稀释至 100 mL。放置于冰箱中保存,可稳定一个月。

2. 实验步骤

1)吸取 50.0 mL 水样(硬度过高的水样,可取适量水样,用纯水稀至 50 mL,硬度过低的水样,可取 100 mL),置于 150 mL 锥形瓶中。加入 1~2 mL 缓冲溶液,5 滴铬黑 T 指示剂,立即用 Na_2-EDTA 标准溶液滴定至溶液从紫红色转变成纯蓝色为止,同时做空白实验,记下用量。

2)若水样中含有金属干扰离子,使滴定终点延迟或颜色变暗,可另取水样,加入 0.5 mL 盐酸羟胺及 1 mL 硫化钠溶液或 0.5 mL 氰化钾溶液再行滴定。

3)水样中钙、镁的重碳酸盐含量较大时,要预先酸化水样,并且加热除去二氧化碳,以防碱化后生成碳酸盐沉淀,影响滴定时反应的进行。

4)水样中含悬浮性或胶体有机物可影响终点的观察。可预先将水样蒸干并于 550 ℃灰化,用纯水溶解残渣后再行滴定。

3. 结果计算

$$p(CaCO_3) \frac{(V_1-V_0) \times c \times 100.09 \times 1\,000}{V}$$

式中　$p(CaCO_3)$——总硬度(以 $CaCO_3$ 计)(mg/L);

　　　　V_0——空白滴定所消耗的乙二胺四乙酸二钠标准溶液的体积(mL);

　　　　V_1——滴定中消耗乙二胺四乙酸二钠标准溶液的体积(mL);

　　　　c——乙二胺四乙酸二钠标准溶液的浓度(mol/L);

　　　　V——水样体积(mL);

　　100.09——与 1.00 mL 乙二胺四乙酸二钠标准溶液[$c(Na_2$-EDTA)=1.000 mol/L]相当的以毫克表示的总硬度(以 $CaCO_3$ 计)。

4. 注意事项

本法最低检测质量 0.05 mg,若取 50 mL 水样测定,则最低检测质量浓度为 1.0 mg/L。水的硬度原系指沉淀肥皂的程度。使肥皂沉淀的原因主要是由于水中的钙、镁离子,此外,铁、铝、锰、锶及锌也有同样的作用。总硬度可将上述各离子的浓度相加进行计算。此法准确,但比较烦琐,而且在一般情况下钙、镁离子以外的其他金属离子的浓度都很低,所以多采用乙二胺四乙酸二钠滴定法测定钙、镁离子的总量,并且经过换算,以每升水中碳酸钙的质量表示。

本法主要干扰元素铁、锰、铝、铜、镍、钴等金属离子能使指示剂褪色或终点不明显。硫化钠及氰化钾可隐蔽重金属的干扰,盐酸羟胺可使高铁离子及高价锰离子还原为低价离子而消除其干扰。由于钙离子与铬黑 T 指示剂在滴定到达终点时的反应不能呈现出明显的颜色转变,所以当水样中镁含量很少时,需要加入已知量的镁盐,使滴定终点颜色转变清晰,在计算结果时,再减去加入的镁盐量,或者在缓冲溶液中加入少量 Mg-EDTA,以保证明显的终点。

项目六　干鲜果品的检验

 项目概述

干鲜果品在焙烤食品中应用广泛，是焙烤食品生产的重要辅料。不仅蛋糕类，而且各种夹馅面包中的各种馅料也要添加干鲜果品，而饼干中除了个别品种，一般不需添加。

焙烤食品中常用的果料有籽仁、果仁、干果、果脯、蜜饯、果酱、果泥、新鲜水果、罐头等。

干鲜果品在焙烤食品中具有重要作用，主要有：

1）提高产品营养价值。干鲜果品中含有人体所必需的多种矿物质、维生素、有机酸、纤维素等，加入到焙烤食品中，可以提高产品的营养价值。

2）改善风味。干鲜果品由于其原料不同，都有各自独特的风味，将其加入焙烤食品中，可以显现各自的香气和香味，特别是芳香气味浓郁的果料，更能提高产品风味。

3）调节和增加制品的花色品种。许多焙烤食品的花色都是以其中加入的干鲜果蔬来调节和命名的，如豆沙面包、核桃仁派、苹果派等。

4）美化产品外观。焙烤食品的表面点缀一些干鲜果品，如撒上一些核桃碎、杏仁和摆上几片水果，可以使制品醒目、美观，还能吸引人的眼球，勾起人们的食欲。

任务一　花生黄曲霉毒素 B_1 的测定

〈难度指数〉★★★★★

 学习目标

1. 知识目标

（1）掌握酶联免疫法测定黄曲霉毒素 B_1 的原理。

（2）掌握酶联免疫法测定花生中黄曲霉毒素 B_1 的方法和注意事项。

2. 能力目标

（1）掌握从大样本不均匀样品中采样的方法。

（2）掌握酶联免疫法的相关操作。

3. 情感态度价值观目标

（1）感受酶联免疫法测定的特异性和敏感性。

（2）知道黄曲霉毒素 B_1 的毒性。

 任务描述

对于给定的花生样品，能够按照实验步骤的要求对样品进行采样、提取及检测，并且完成实验数据计算［参照《食品中黄曲霉毒素 B_1 的测定》（GB/T 5009.22—2003）］。

89

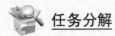 **任务分解**

花生黄曲霉毒素 B$_1$ 的测定流程如图 1-42 所示。

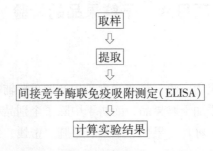

图 1-42　花生黄曲霉毒素 B$_1$ 的测定流程

 知识储备

1. 黄曲霉毒 B$_1$ 的性质、毒性及其卫生标准

黄曲霉毒素（AFT）主要是由黄曲霉和寄生曲霉产生的次生代谢产物，它不是指的某一种毒素，而是一类化学结构类似的化合物，均为二氢呋喃香豆素的衍生物。目前，已分离鉴定出黄曲霉毒素 12 种，包括 B$_1$、B$_2$、G$_1$、G$_2$、M$_1$、M$_2$、P$_1$、Q、H$_1$、GM、B$_{2a}$ 和毒醇。其中 B$_1$ 为毒性及致癌性最强的物质。

黄曲霉毒素 B$_1$（AFB$_1$）能溶于多种极性有机溶剂，如氯仿、甲醇、乙醇、丙醇、乙二甲基酰胺，难溶于水，不溶于石油醚、乙醚和己烷，对光、热、酸较稳定，只有加热到 280 ~ 300 ℃才裂解，高压灭菌 2 h，毒力降低 25% ~ 33%，4 h 降低 50%。AFB$_1$ 的半数致死量为 0.36 mg/kg BW，属剧毒的毒物范围。它引起人的中毒主要是损害肝脏，发生肝炎、肝硬化、肝坏死等。临床表现有胃部不适、食欲减退、恶心、呕吐、腹胀及肝区触痛等，严重者出现水肿、昏迷，以至抽搐而死。黄曲霉毒素是目前发现的最强的致癌物质，其致癌力是"奶油黄"（二甲基氨基偶氮苯）的 900 倍，比二甲基亚硝胺诱发肝癌的能力大 75 倍，比 3,4-苯并芘大 4 000 倍。它主要诱使动物发生肝癌，也能诱发胃癌、肾癌、直肠癌及乳腺、卵巢、小肠等部位的癌症。

AFB$_1$ 污染的食物主要是花生、玉米、稻谷、小麦、花生油等粮油食品，并且以南方高温、高湿地区受污染最为严重。

我国规定，玉米及花生仁制品（按原料折算）黄曲霉毒素含量不超过 20 μg/kg；大米、其他食用油中不得超过 10 μg/kg；其他粮食、豆类、发酵食品中不得超过 5 μg/kg；婴儿代乳食品中不得检出，其他食品可参照以上标准执行。

2. 酶联免疫测定黄曲霉毒素 B$_1$ 的原理

酶联免疫（ELISA）方法的基本原理是酶分子与抗体或抗抗体分子共价结合，此种结合不会改变抗体的免疫学特性，也不影响酶的生物学活性。此种酶标记抗体可与吸附在固相载体上的抗原或抗体发生特异性结合。滴加底物溶液后，底物可在酶作用下使其所含的供氢体由无色的还原型变成有色的氧化型，出现颜色反应。因此，可通过底物的颜色反应来判定有无相应的免疫反应，颜色反应的深浅与标本中相应抗体或抗原的量呈正比。此种显色反应可通过 ELISA 检测仪进行定量测定，这样就将酶化学反应的敏感性和抗原与抗体反应的特异性结合起来，使 ELISA 方法成为一种既特异又敏感的检测方法。

　　花生试样经取样、粉碎，试样中的 AFB$_1$ 经提取、浓缩后与定量特异性抗体反应，多余的游离抗体则与酶标板内的包被抗原结合，加入酶标记物和底物后显色，与标准比较测定含量。本方法对 AFB$_1$ 的检出限为 0.01 μg/kg。

 实验实施

1. 实验准备

（1）仪器与设备

1）小型粉碎机。

2）电动振荡器。

3）酶标仪：内置 490 nm 滤光片。

4）恒温水浴锅。

5）恒温培养箱。

6）酶标微孔板。

7）微量加样器及配套吸头。

（2）试剂与药品

1）抗黄曲霉毒素 B$_1$，单克隆抗体，由卫生部食品卫生监督检验所进行质量控制。

2）人工抗原：AFB$_1$-牛血清白蛋白结合物。

3）黄曲霉毒素 B$_1$ 标准溶液：用甲醇将黄曲霉毒素 B$_1$ 配制成 1 mg/mL 溶液，再用甲醇-PBS 溶液（20 + 80）稀释至约 10 μg/mL，紫外分光光度计测定此溶液最大吸收峰的光密度值，代入式（1-3）计算。

$$X = \frac{A \times M \times 1\,000 \times f}{E} \tag{1-3}$$

式中　X——该溶液中黄曲霉毒素 B$_1$ 的浓度（μg/mL）；

　　　A——测得的光密度值；

　　　M——黄曲霉毒素 B$_1$ 的相对分子量，312；

　　　E——摩尔消光系数，21 800；

　　　f——使用仪器的校正因素。

　　根据计算将该溶液配制成 10 μg/mL 标准溶液，检测时，用甲醇-PBS 溶液将该标准溶液稀释至所需浓度。

4）三氯甲烷。

5）甲醇。

6）石油醚。

7）牛血清白蛋白（BSA）。

8）邻苯二胺（OPD）。

9）辣根过氧化物酶（HRP）标记羊抗鼠 IgG。

10）碳酸钠。

11）碳酸氢钠。

12）磷酸二氢钾。

13）磷酸氢二钠。

14）氯化钠。

15）氯化钾。

16）过氧化氢（H_2O_2）。

17）硫酸。

18）ELISA 缓冲液如下：

①包被缓冲液（pH 9.6 碳酸盐缓冲液）的制备：1.59 g Na_2CO_3，2.93 g $NaHCO_3$，加蒸馏水至 1 000 mL。

②磷酸盐缓冲液（pH 7.4 的 PBS）的制备：0.2 g KH_2PO_4，2.9 g $Na_2HPO_4 \cdot 12H_2O$，8.0 g NaCl，0.2 g KCl，加蒸馏水至 1 000 mL。

③洗液（PBS-T）的制备：PBS 加体积分数为 0.05% 的吐温-20。

④抗体稀释液的制备：BSA 1.0 g 加 PBS-T 至 1 000 mL。

⑤底物缓冲液的制备如下：

A 液（0.1 mol/L 柠檬酸水溶液）：柠檬酸（$C_6H_8O_7 \cdot H_2O$）21.01 g，加蒸馏水至 1 000 mL。

B 液（0.2 mol/L 磷酸氢二钠水溶液）：$Na_2HPO_4 \cdot 12H_2O$ 71.6 g，加蒸馏水至 1 000 mL。

用前按 A 液 + B 液 + 蒸馏水为 24.3 + 25.7 + 50 的比例（体积比）配制。

⑥封闭液的制备：同抗体稀释液。

2. 实验步骤

（1）取样

试样中污染黄曲霉毒素高的霉粒一粒可以左右测定结果，而且有毒霉粒的比例小，同时分布不均匀。为避免取样带来的误差，应大量取样，并且将该大量试样粉碎，混合均匀，才有可能得到确能代表一批试样的相对可靠的结果，因此采样应注意以下几点：

1）根据规定采取有代表性试样。

2）对局部发霉变质的试样检验时，应单独取样。

3）每份分析测定用的试样应从大样经粗碎与连续多次用四分法缩减至 0.5 ~ 1 kg，然后全部粉碎。花生试样全部通过 10 目筛，混匀。若有坏的部分，可将好、坏部分分别测定，再计算 AFB_1 含量。必要时，每批试样可采取 3 份大样作试样制备及分析测定用，以观察所采试样是否具有一定的代表性。

（2）提取（花生中脂肪含量 15.0% ~ 45.0%）

试样去壳、去皮、粉碎后称取 20.00 g，加入 250 mL 具塞锥形瓶中，准确加入 100 mL 甲醇-水（55 + 45）溶液和 30 mL 石油醚，盖塞后滴水封严。150 r/min 振荡 30 min。静置 15 min 后用快速定性滤纸过滤于 125 mL 分液漏斗中。待分层后，放出下层甲醇-水溶液于 100 mL 烧杯中，从中取 20.0 mL（相当于 4.0 g 试样）置于另一 125 mL 分液漏斗中，加入 20.0 mL 三氯甲烷，振摇 2 min，静置分层（如有乳化现象可滴加甲醇促使分层），放出三氯甲烷于 75 mL 蒸发皿中。再加 5.0 mL 三氯甲烷于分液漏斗中重复振摇提取后，放出三氯甲烷一并于蒸发皿中，65 ℃水浴通风挥干。用 2.0 mL 20% 甲醇-PBS 分三次（0.8 mL、0.7 mL、0.5 mL）溶解并彻底冲洗蒸发皿中凝结物，移至小试管，加盖振荡后静置待测。此液每毫升相当于 2.0 g 试样。

（3）间接竞争酶联免疫吸附测定（ELISA）

1）包被微孔板：用 AFB_1-BSA 人工抗原包被酶标板，150 μL/孔，4 ℃过夜。

2）抗体抗原反应：将黄曲霉毒素 B_1 纯化单克隆抗体稀释后，一部分与等量的不同浓度的黄曲霉毒素 B_1 标准溶液用 2 mL 试管混合振荡后，4 ℃静置。此液用于制作黄曲霉毒素 B_1 标准抑制曲线。另一部分与等量的试样提取液用 2 mL 试管混合振荡后，4 ℃静置。此液用于测定试样中黄曲霉毒素 B_1 含量。

3）封闭：已包被的酶标板用洗液洗 3 次，每次 3 min 后，加封闭液封闭，250 μL/孔，置 37 ℃下 1 h。

4）测定：酶标板洗 3 × 3 min 后，加抗体抗原反应液（在酶标板的适当孔位加抗体稀释液或 Sp2/0 培养上清液作为阴性对照）130 μL/孔，37 ℃，2 h。酶标板洗 3 × 3 min，加酶标二抗（体积分数 1：200）100 μL/孔，1 h。酶标板用洗液洗 5 × 3 min。加底物溶液（10 mg OPD）、25 mL 底物缓冲液、37 μL 30% H_2O_2，各 100 μL/孔，37 ℃，15 min，然后加 2 mol/L H_2SO_4，40 μL/孔，以终止显色反应，酶标仪 490 nm 测出 OD 值。

3. 结果计算

黄曲霉毒素 B_1 的浓度按式（1-4）进行计算。

$$黄曲霉毒素\ B_1\ 浓度 = c \times \frac{V_1}{V_2} \times D \times \frac{1}{m} \qquad (1\text{-}4)$$

式中 c——黄曲霉毒素 B_1 含量（ng），对应标准曲线按数值插入法求；

     V_1——试样提取液的体积（mL）；

     V_2——滴加样液的体积（mL）；

     D——稀释倍数；

     m——试样质量（g）。

由于按标准曲线直接求得的黄曲霉毒素 B_1 浓度（c_1）的单位为 ng/mL，而测孔中加入的试样提取的体积为 0.065 mL，所以式（1-4）中，

$$c = 0.065 \times c_1$$

而 $V_1 = 2$ mL，$V_2 = 0.065$ mL，$D = 2$，$m = 4$ g 代入式（1-4），则

$$黄曲霉毒素\ B_1 = 0.065 \times c_1 \times \frac{2}{0.065} \times 2 \times \frac{1}{4} = c_1$$

所以，在对试样提取完全按本方法进行时，从标准曲线直接求得的数值 c_1，即为所测试样中黄曲霉毒素 B_1 的浓度（ng/g）。

 知识拓展

检测食品中黄曲霉毒素 B_1 的含量，除了用 ELISA 法以外，还可以采用薄层色谱法。薄层色谱法对黄曲霉毒素 B_1 的最低检出量为 0.000 4 μg，而 ELISA 法对黄曲霉毒素 B_1 的检出限为 0.01 μg/kg。薄层色谱法检测黄曲霉毒素的原理是试样中黄曲霉毒素 B_1 经提取、浓缩、薄层分离后，在波长 365 nm 紫外光下产生蓝紫色荧光，根据其在薄层上显示荧光的最低检出量来测定含量。

1. 实验准备

（1）仪器与设备

1）小型粉碎机。

2）样筛。

3）电动振荡器。

4）全玻璃浓缩器。

5）玻璃板：5 cm×20 cm。

6）薄层板涂布器。

7）展开槽：内长25 cm×宽6 cm×高4 cm。

8）紫外光灯：100～125 W，带有波长365 nm滤光片。

9）微量注射器或血色素吸管。

（2）试剂

1）三氯甲烷。

2）正己烷或石油醚(沸程30～60 ℃或60～90 ℃)。

3）甲醇。

4）苯。

5）乙腈。

6）无水乙醚或乙醚经无水硫酸钠脱水。

7）丙酮。

以上试剂在实验时先进行一次试剂空白实验，如不干扰测定即可使用，否则需逐一进行重蒸。

8）硅胶G：薄层色谱用。

9）三氟乙酸。

10）无水硫酸钠。

11）氯化钠。

12）苯-乙腈混合液：量取98 mL苯，加2 mL乙腈，混匀。

13）甲醇水溶液：55+45（体积比）。

14）黄曲霉毒素B_1标准溶液

①仪器校正：测定重铬酸钾溶液的摩尔消光系数，以求出使用仪器的校正因素。准确称取25 mg经干燥的重铬酸钾（基准级），用硫酸(0.5+1 000,体积比)溶解后并准确稀释至200 mL，相当于$c(K_2Cr_2O_7) = 0.000\ 4$ mol/L。再吸取25 mL此稀释液于50 mL容量瓶中，加硫酸(0.5+1 000,体积比)稀释至刻度，相当于0.000 2 mol/L溶液。再吸取25 mL此稀释液于50 mL容量瓶中，加硫酸(0.5+1 000,体积比)稀释至刻度，相当于0.000 1 mol/L溶液。用1 cm石英杯，在最大吸收峰的波长（接近350 nm处）用硫酸(0.5+1 000,体积比)作空白，测得以上三种不同浓度的摩尔溶液的吸光度，并且按式(1-5)计算出以上三种浓度的摩尔消光系数的平均值。

$$E_1 = \frac{A}{c} \tag{1-5}$$

式中　E_1——重铬酸钾溶液的摩尔消光系数；

　　　A——测得重铬酸钾溶液的吸光度；

　　　c——重铬酸钾溶液的摩尔浓度。

再以此平均值与重铬酸钾的摩尔消光系数值3 160比较，即求出使用仪器的校正因素，按式(1-6)进行计算。

$$f = \frac{3\,160}{E} \qquad (1-6)$$

式中　f——使用仪器的校正因素；

　　　E——测得的重铬酸钾摩尔消光系数平均值。

若f大于0.95或小于1.05，则使用仪器的校正因素可略而不计。

②黄曲霉毒素B_1标准溶液的制备：准确称取1~1.2 mg黄曲霉毒素B_1标准品，先加入2 mL乙腈溶解后，再用苯稀释至100 mL，避光，置于4 ℃冰箱保存。该标准溶液约为10 μg/mL。用紫外分光光度计测此标准溶液的最大吸收峰的波长及该波长的吸光度值。

黄曲霉毒素B_1标准溶液的浓度按式(1-7)进行计算。

$$X = \frac{A \times M \times 1\,000 \times f}{E_2} \qquad (1-7)$$

式中　X——黄曲霉毒素B_1标准溶液的浓度(μg/mL)；

　　　A——测得的吸光度值；

　　　f——使用仪器的校正因素；

　　　M——黄曲霉毒素B_1的相对分子量，312；

　　　E_2——黄曲霉毒素B_1在苯-乙腈混合液中的摩尔消光系数，19 800。

根据计算，用苯-乙腈混合液调到标准溶液浓度恰为10.0 μg/mL，并且用分光光度计核对其浓度。

③纯度的测定：取5 μL 10 μg/mL黄曲霉毒素B_1标准溶液，滴加于涂层厚度0.25 mm的硅胶G薄层板上，用甲醇-三氯甲烷(4+96,体积比)与丙酮-三氯甲烷(8+92,体积比)展开剂展开，在紫外光灯下观察荧光的产生，应符合：

a) 在展开后，只有单一的荧光点，无其他杂质荧光点。

b) 原点上没有任何残留的荧光物质。

15) 黄曲霉毒素B_1标准使用液：准确吸取1 mL标准溶液(10 μg/mL)于10 mL容量瓶中，加苯-乙腈混合液至刻度，混匀。此溶液每毫升相当于1.0 μg黄曲霉毒素B_1。吸取1.0 mL此稀释液，置于5 mL容量瓶中，加苯-乙腈混合液稀释至刻度，此溶液每毫升相当于0.2 μg黄曲霉毒素B_1。再吸取黄曲霉毒素B_1标准溶液(0.2 μg/mL) 1.0 mL置于5 mL容量瓶中，加苯-乙腈混合液稀释至刻度。此溶液每毫升相当于0.04 μg黄曲霉毒素B_1。

16) 次氯酸钠溶液(消毒用)：取100 g漂白粉，加入500 mL水，搅拌均匀。另将80 g工业用碳酸钠($Na_2CO_3 \cdot 10H_2O$)溶于500 mL温水中，再将两液混合、搅拌，澄清后过滤。此滤液含次氯酸浓度约为25 g/L。若用漂粉精制备，则碳酸钠的量可以加倍。所得溶液的浓度约为50 g/L。污染的玻璃仪器用10 g/L次氯酸钠溶液浸泡半天或用50 g/L次氯酸钠溶液浸泡片刻后，即可达到去毒效果。

2. 实验步骤

(1) 提取

称取20.00 g粉碎过筛试样，置于250 mL具塞锥形瓶中，加30 mL正己烷或石油醚和10 mL甲醇水溶液，在瓶塞上涂上一层水，盖严防漏。振荡30 min静置片刻，以叠成折叠式的快速定性滤纸过滤于分液漏斗中，待下层甲醇水溶液分清后，放出甲醇水溶液于另一具塞锥形瓶内。取 20.00 mL 甲醇水溶液(相当于 4 g 试样)置于另一 125 mL 分液漏斗中,加 20 mL 三氯甲烷,振摇 2 min,静置分层,如出现乳化现象可滴加甲醇促使分层。放出三氯甲烷层,经盛有约 10 g 预先用三氯甲烷湿润的无水硫酸钠的定量慢速滤纸过滤于 50 mL 蒸发皿中,再加 5 mL 三氯甲烷于分液漏斗中,重复振摇提取,三氯甲烷层一并滤于蒸发皿中,最后用少量三氯甲烷洗过滤器,洗液并于蒸发皿中。将蒸发皿放在通风柜于 65 ℃ 水浴上通风挥干,然后放在冰盒上冷却 2~3 min 后,准确加入 1 mL 苯-乙腈混合液(或将三氯甲烷用浓缩蒸馏器减压吹气蒸干后,准确加入 1 mL 苯-乙腈混合液)。用带橡皮头的滴管的管尖将残渣充分混合,若有苯的结晶析出,将蒸发皿从冰盒上取出,继续溶解、混合,晶体即消失,再用此滴管吸取上清液转移于 2 mL 具塞试管中。

(2)测定

1)单向展开法

①薄层板的制备:称取约 3 g 硅胶 G,加相当于硅胶量 2~3 倍的水,用力研磨 1~2 min 至成糊状后立即倒于涂布器内,推成 5 cm × 20 cm,厚度约 0.25 mm 的薄层板三块。在空气中干燥约 15 min 后,在 100 ℃ 活化 2 h,取出,放干燥器中保存。一般可保存 2~3 天,若放置时间较长,可再活化后使用。

②点样:将薄层板边缘附着的吸附剂刮净,在距薄层板下端 3 cm 的基线上用微量注射器或血色素吸管滴加样液。一块板可滴加 4 个点,点距边缘和点间距约为 1 cm,点直径约 3 mm。在同一块板上滴加点的大小应一致,滴加时可用吹风机用冷风边吹边加。滴加样式如下:

第一点:10 μL 黄曲霉毒素 B_1 标准使用液(0.04 μg/mL)。

第二点:20 μL 样液。

第三点:20 μL 样液 + 10 μL 0.04 μg/mL 黄曲霉毒素 B_1 标准使用液。

第四点:20 μL 样液 + 10 μL 0.2 μg/mL 黄曲霉毒素 B_1 标准使用液。

③展开与观察:在展开槽内加 10 mL 无水乙醚,预展 12 cm,取出挥干。再于另一展开槽内加 10 mL 丙酮-三氯甲烷(8 + 92,体积比),展开 10~12 cm,取出。在紫外光下观察结果,方法如下:

由于样液点上加滴黄曲霉毒素 B_1 标准使用液,可使黄曲霉毒素 B_1 标准点与样液中的黄曲霉毒素 B_1 荧光点重叠。如样液为阴性,薄层板上的第三点中黄曲霉毒素 B_1 为 0.000 4 μg,可用作检查在样液内黄曲霉毒素 B_1 最低检出量是否正常出现;如为阳性,则起定性作用。薄层板上的第四点中黄曲霉毒素 B_1 为 0.002 μg,主要起定位作用。

若第二点在与黄曲霉毒素 B_1 标准点的相应位置上无蓝紫色荧光点,表示试样中黄曲霉毒素 B_1 含量在 5 μg/kg 以下;如在相应位置上有蓝紫色荧光点,则需进行确证实验。

④确证实验:为了证实薄层板上样液荧光是由黄曲霉毒素 B_1 产生的,滴加三氟乙酸,产生黄曲霉毒素 B_1 的衍生物,展开后此衍生物的比移值约在 0.1 左右。于薄层板左边依次滴加两个点。

第一点:0.04 μg/mL,黄曲霉毒素 B_1 标准使用液 10 μL。

第二点:20 μL 样液。

于以上两点各加一小滴三氟乙酸盖于其上,反应 5 min 后,用吹风机吹热风 2 min 后,使热风吹到薄层板上的温度不高于 40 ℃,再于薄层板上滴加以下两个点:

第三点：0.04 μg/mL 黄曲霉毒素 B_1 标准使用液 10 μL。

第四点：20 μL 样液。

再展开，在紫外光灯下观察样液是否产生与黄曲霉毒素 B_1 标准点相同的衍生物。未加三氟乙酸的三、四两点，可依次作为样液与标准的衍生物空白对照。

⑤稀释定量：样液中的黄曲霉毒素 B_1 荧光点的荧光强度如与黄曲霉毒素 B_1 标准点的最低检出量(0.000 4 μg)的荧光强度一致，则试样中黄曲霉毒素 B_1 含量即为 5 μg/kg。如样液中荧光强度比最低检出量强，则根据其强度估计减少滴加微升数或将样液稀释后再滴加不同微升数，直至样液点的荧光强度与最低检出量的荧光强度一致为止。滴加式样如下：

第一点：10 μL 黄曲霉毒素 B_1 标准使用液(0.04 μg/mL)。

第二点：根据情况滴加 10 μL 样液。

第三点：根据情况滴加 15 μL 样液。

第四点：根据情况滴加 20 μL 样液。

⑥结果计算：试样中黄曲霉毒素 B_1 的含量按式(1-8)

$$X = 0.000\ 4 \times \frac{V_1 \times D}{V_2} \times \frac{1\ 000}{m} \tag{1-8}$$

式中　X——试样中黄曲霉毒素 B_1 的含量(μg/kg)；

　　　V_1——加入苯-乙腈混合液的体积(mL)；

　　　V_2——出现最低荧光时滴加样液的体积(mL)；

　　　D——样液的总稀释倍数；

　　　m——加入苯-乙腈混合液溶解时相当试样的质量(g)；

0.000 4——黄曲霉毒素 B_1 的最低检出量(μg)。

结果表示到测定值的整数位。

2)双向展开法：如用单向展开法展开后，薄层色谱由于杂质干扰掩盖了黄曲霉毒素 B_1 的荧光强度，需采用双向展开法。薄层板先用无水乙醚作横向展开，将干扰的杂质展至样液点的一边而黄曲霉毒素 B_1 不动，然后再用丙酮-三氯甲烷(8 + 92,体积比)作纵向展开，试样在黄曲霉毒素 B_1 相应处的杂质底色大量减少，因而提高了方法灵敏度。如用双向展开中滴加两点法展开仍有杂质干扰时，则可改用滴加一点法。

①滴加两点法：

a)点样：取薄层板三块，在距下端 3 cm 基线上滴加黄曲霉毒素 B_1 标准使用液与样液。即在三块板的距左边缘 0.8 ~ 1 cm 处各滴加 10 μL 黄曲霉毒素 B_1 标准使用液(0.04 μg/mL)，在距左边缘 2.8 ~ 3 cm 处各滴加 20 μL 样液，然后在第二块板的样液点上加滴 10 μL 黄曲霉毒素 B_1 标准使用液(0.04 μg/mL)，在第三块板的样液点上加滴 10 μL 0.2 μg/mL 黄曲霉毒素 B_1 标准使用液。

b)展开：

横向展开：在展开槽内的长边置一玻璃支架，加 10 mL 无水乙醇，将上述点好的薄层板靠标准点的长边置于展开槽内展开，展至板端后，取出挥干，或者根据情况需要可再重复展开 1 ~ 2 次。

纵向展开：挥干的薄层板以丙酮-三氯甲烷(8 + 92,体积比)展开至 10 ~ 12 cm 为止。丙酮与三氯甲烷的比例根据不同条件自行调节。

c) 观察及评定结果：在紫外光灯下观察第一板、第二板，若第二板的第二点在黄曲霉毒素 B_1 标准点的相应处出现最低检出量，而第一板在与第二板的相同位置上未出现荧光点，则试样中黄曲霉毒素 B_1 含量在 5 μg/kg 以下。

若第一板在与第二板的相同位置上出现荧光点，则将第一板与第三板比较，看第三板上第二点与第一板上第二点的相同位置上的荧光点是否与黄曲霉毒素 B_1 标准点重叠，如果重叠，再进行确证实验。在具体测定中，第一板、第二板、第三板可以同时做，也可按照顺序做。如按顺序做，当第一板为阴性时，第三板可以省略，如第一板为阳性，则第二板可以省略，直接做第三板。

d) 确证实验：另取薄层板两块，于第四板、第五板距左边缘 0.8 ~ 10 cm 处各滴加 10 μL 黄曲霉毒素 B_1 标准使用液(0.04 μg/mL)及 1 小滴三氟乙酸；在距左边缘 2.8 ~ 3 cm 处，于第四板滴加 20 μL 样液及 1 小滴三氟乙酸；于第五板滴加 20 μL 样液、10 μL 黄曲霉毒素 B_1 标准使用液(0.04 μg/mL)及 1 小滴三氟乙酸，反应 5 min 后，用吹风机吹热风 2 min，使热风吹到薄层板上的温度不高于 40 ℃。再用双向展开法展开后，观察样液是否产生与黄曲霉毒素 B_1 标准点重叠的衍生物。观察时，可将第一板作为样液的衍生物空白板。如样液黄曲霉毒素 B_1 含量高，则将样液稀释后做确证实验。

e) 稀释定量：如果样液黄曲霉毒素 B_1 含量高，则稀释定量。如果黄曲霉毒素 B_1 含量低，稀释倍数则小，在定量的纵向展开板上仍有杂质干扰，影响结果的判断，可将样液再进行双向展开法测定，以确定含量。

f) 结果计算：同单向展开法[见式(1-8)]。

②滴加一点法：

a) 点样：取薄层板三块，在距下端 3 cm 基线上滴加黄曲霉毒素 B_1 标准使用液与样液。即在三块板距左边缘 0.8 ~ 1 cm 处各滴加 20 μL 样液，在第二板的点上加滴 10 μL 黄曲霉毒素 B_1 标准使用液(0.04 μg/mL)，在第三板的点上加滴 10 μL 黄曲霉毒素 B_1 标准溶液(0.2 μg/mL)。

b) 展开：同滴加两点法的横向展开与纵向展开。

c) 观察及评定结果：在紫外光灯下观察第一板、第二板，如第二板出现最低检出量的黄曲霉毒素 B_1 标准点，而第一板与其相同位置上未出现荧光点，试样中黄曲霉毒素 B_1 含量在 5 μg/kg 以下。如第一板在与第二板黄曲霉毒素 B_1 相同位置上出现荧光点，则将第一板与第三板比较，看第三板上与第一板相同位置的荧光点是否与黄曲霉毒素 B_1 标准点重叠，如果重叠再进行以下确证实验。

d) 确证实验：另取两板，于距左边缘 0.8 ~ 1 cm 处，第四板滴加 20 μL 样液、1 滴三氟乙酸；第五板滴加 20 μL 样液、10 μL 0.04 μg/mL 黄曲霉毒素 B_1 标准使用液及 1 滴三氟乙酸。产生衍生物及展开方法同滴加两点法。再将以上两板在紫外光灯下观察，以确定样液点是否产生与黄曲霉毒素 B_1 标准点重叠的衍生物，观察时可将第一板作为样液的衍生物空白板。经过以上确证实验定为阳性后，再进行稀释定量，如含黄曲霉毒素 B_1 低，不需稀释或稀释倍数小，杂质荧光仍有严重干扰，可根据样液中黄曲霉毒素 B_1 荧光的强弱，直接用双向展开法定量。

e) 结果计算：同单向展开法[见式(1-8)]。

任务二　核桃仁脂肪的测定

<难度指数> ★★★

 学习目标

1. 知识目标

（1）掌握索氏提取法测定食品中脂肪含量的原理。

（2）理解食品中脂肪的概念和存在状态。

（3）知道所使用有机溶剂的性质。

2. 能力目标

（1）能使用恒温水浴锅、蒸馏装置、索氏抽提器、分析天平等仪器。

（2）能阅读并理解、使用国家标准。

（3）能安全使用乙醚、石油醚等有机溶剂，掌握其回收方法。

3. 情感态度价值观目标

感受索氏抽提法提取食品中脂肪含量的经典性。

 任务描述

本方法主要参考国标《食品中脂肪的测定》（GB/T 5009.6—2003）第一法。该标准适用于肉制品、豆制品、谷物、坚果、油炸果品、中西式糕点等食品粗脂肪含量的测定，但是不适用于乳及乳制品中粗脂肪的测定。核桃仁样品经过烘干、粉碎，用有机溶剂提取其中的脂肪，恒重后即得到核桃仁中的脂肪含量。

 任务分解

核桃仁脂肪测定流程如 1-43 所示。

图 1-43　核桃仁脂肪测定流程

 知识储备

1. 核桃的营养价值

核桃营养丰富，每 100 g 核桃含蛋白质 15~20 g，脂肪 60~70 g，碳水化合物 10 g，并且含有人体必需的钙、磷、铁等多种微量元素和矿物质，以及胡萝卜素、核黄素等多种维生素。核桃中脂肪的主要成分是亚油酸甘油酯，属于多不饱和脂肪酸，可以减少肠道对胆固醇的吸收，因此可作为高血压、动脉硬化患者的滋补品。核桃中微量元素锌和锰是脑垂体的重要成分，有健脑益智作用。核桃还含有丰富的维生素 B 和维生素 E，可减缓细胞老化，能健脑、增强记忆力及延缓衰老。

2. 索氏提取法

脂肪含量的测定有很多方法，如抽提法、酸水解法、比重法、折射法、电测和核磁共振法等。但是索氏抽提法是用于测定粗脂肪含量的最经典方法，也是我国粮油分析首选的标准方法。索氏提取法适用于脂类含量较高、含结合态脂肪较少、能烘干磨细、不易吸潮的样品的测定。其原理是将经过处理的干燥且分散的样品，用无水乙醚或石油醚等溶剂进行提取，使样品中的脂肪进入溶剂中，然后从提取液中回收溶剂，最后所得到的残留物即为粗脂肪。

索氏提取法要用到索氏脂肪抽提器，如图 1-44 所示。索氏提取器是由提取瓶、提取管、冷凝器三部分组成的，提取管两侧分别有虹吸管和连接管，各部分连接处要严密不能漏气。提取时，将待测样品包在脱脂滤纸包内，放入提取管内。提取瓶内加入石油醚，加热提取瓶，石油醚汽化，由连接管上升进入冷凝器，凝成液体滴入提取管内，浸提样品中的脂类物质。待提取管内石油醚液面达到一定高度，溶有粗脂肪的石油醚经虹吸管流入提取瓶。流入提取瓶内的石油醚继续被加热汽化、上升、冷凝，滴入提取管内，如此循环往复，直到抽提完全为止。

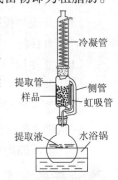

图 1-44　索氏脂肪抽提器

索氏抽提法多用低沸点的有机溶剂，现有的食品脂肪含量的标准分析方法都采用乙醚作为提取剂，但是含有水分的乙醚会同时抽提出糖分等非脂成分。石油醚具有较高的沸点，吸收水分比乙醚少，没有乙醚易燃，因此用石油醚作为提取剂的时候，允许样品含有微量的水分。石油醚和乙醚作为提取剂各有特点，因此常常混合使用。

3. 食品中的脂肪

脂肪是食品中重要的营养成分之一，是富含热能的营养素，也是脂溶性维生素的良好溶剂；脂肪与蛋白的结合物脂蛋白，在调节人体机能、完成生化反应方面具有重要作用。

食品中脂肪有两种存在形式，即游离脂肪和结合脂肪。游离脂肪以游离态存在于食品中，如动物性脂肪和植物性油脂；也有结合态的，如天然存在的磷脂、糖脂、脂蛋白及一些加工食品，如焙烤食品、麦乳精等。对于大多数食品来说，游离态的脂肪是主要的，结合态脂肪含量较少。

 实验实施

1. 实验准备

（1）仪器与设备

1）索氏提取器。

2）干燥器：备有变色硅胶。

（2）试剂与药品

1）无水乙醚或石油醚。

2）海砂：取用水洗去泥土的海砂或河砂，先用盐酸(1＋1,体积比)煮沸 0.5 h，用水洗至中性，再用氢氧化钠溶液(240 g/L)煮沸 0.5 h，用水洗至中性，经 100 ℃±5 ℃干燥备用。

2. 实验步骤

（1）样品预处理

核桃仁经过 105 ℃烘至恒重，用粉碎机粉碎后，过 40 目筛，称取 2.00 ~ 5.00 g，拌以海砂，全部移入滤纸筒内。

（2）抽提

将滤纸筒放入脂肪抽提器的提取管内，连接已干燥至恒量的接收瓶，由抽提器冷凝管上端加入无水乙醚或石油醚至瓶内容积的三分之二处，于水浴上加热，使乙醚或石油醚不断回流提取（6 ~ 8 次/h），一般抽提 6 ~ 12 h。

（3）称量

取下接收瓶，回收乙醚或石油醚，待接收瓶内乙醚剩 1 ~ 2 mL 时在水浴上蒸干，再于 100 ℃ ± 5 ℃干燥 2 h，放干燥器内冷却，称量。重复以上操作直至恒重。

3. 结果计算

$$X = \frac{m_1 - m_0}{m_2} \times 100$$

式中　X——核桃仁中粗脂肪的含量（g/100 g）；

　　　m_1——接收瓶和粗脂肪的质量（g）；

　　　m_0——接收瓶的质量（g）；

　　　m_2——试样的质量（如是测定水分后的试样，则按测定水分前的质量计）（g）。

计算结果保留到小数点后 1 位。

4. 精密度

在重复性条件下获得的两次独立测定结果的绝对差值不得超过算术平均值的 10%。

 知识拓展

食品中脂肪的测定方法除了索氏抽提法以外，还可以采用酸水解法。其原理是试样经酸水解后用乙醚提取，除去溶剂即得总脂肪含量。酸水解法测得的为游离及结合脂肪的总量。

1. 实验准备

（1）仪器与设备

1）具塞刻度量筒：100 mL。

2）试管：50 mL。

3）锥形瓶。

4）干燥箱。

5）干燥器：备变色硅胶。

（2）试剂与药品

1）盐酸。

2）乙醇：95%（体积分数）。

3）乙醚。

4）石油醚（30 ~ 60 ℃沸程）。

2. 实验步骤

1）称取约 2.00 g 经烘干恒重、粉碎、过筛（40 目）的试样于 50 mL 大试管内，加 8 mL

101

水，混匀后再加 10 mL 盐酸。

2）将试管放入 70 ~ 80 ℃水浴中，每隔 5 ~ 10 min 以玻璃棒搅拌一次，至试样消化完全为止，40 ~ 50 min。

3）取出试管，加入 10 mL 乙醇，混合。冷却后将混合物移入 100 mL 具塞量筒中，以 25 mL 乙醚分次洗试管，一并倒入量筒中。待乙醚全部倒入量筒后，加塞振摇 1 min，小心开塞，放出气体，再塞好，静置 12 min，小心开塞，并且用石油醚-乙醚等量混合液冲洗塞及筒口附着的脂肪。静置 10 ~ 20 min，待上部液体清晰，吸出上清液于已恒重的锥形瓶内，再加 5 mL 乙醚于具塞量筒内，振摇，静置后，仍将上层乙醚吸出，放入原锥形瓶内。将锥形瓶置水浴上蒸干，置 100 ℃ ±5 ℃干燥箱中干燥 2 h，取出放干燥器内冷却 0.5 h 后称量，重复以上操作直至恒重。

3. 结果计算

$$X = \frac{m_1 - m_0}{m_2} \times 100$$

式中　X——核桃仁中粗脂肪的含量($g/100\ g$)；

　　　m_1——锥形瓶和粗脂肪的质量(g)；

　　　m_0——锥形瓶的质量(g)；

　　　m_2——试样的质量(如是测定水分后的试样，则按测定水分前的质量计)(g)。

任务三　核桃仁蛋白质的测定

<难度指数> ★ ★ ★

 学习目标

1. 知识目标

（1）掌握凯氏定氮法的基本原理与计算方法，知道其适用的食品范围。

（2）了解蛋白质系数的概念。

（3）知道凯氏定氮法测定食品中蛋白质含量时硫酸铜和硫酸钾的作用。

（4）掌握国家标准食品中蛋白质的检测方法。

2. 能力目标

（1）熟练使用消化炉、分析天平、移液管等仪器。

（2）能阅读并理解、使用国家标准。

（3）能熟练连接、使用凯氏定氮装置。

（4）能正确配制、标定、使用各种标准溶液。

3. 情感态度价值观目标

理解经典的凯氏定氮法测定食品中蛋白质的原理，知道为什么三聚氰胺可以增加食品中蛋白质含量。

 任务描述

使用经典的凯氏定氮法测定核桃仁中的蛋白质含量[参照《食品安全国家标准　食品中蛋白质的测定》（GB 5009.5—2010）]。样品经粉碎、采样、消化后用凯氏定氮装置测定蛋白质含量，最后计算实验数据。

 任务分解

核桃仁中蛋白质的测定流程如图1-45所示。

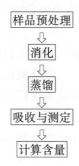

图1-45 核桃仁中蛋白质的测定流程

 知识储备

1. 蛋白质和蛋白质系数

蛋白质是食品的重要组成部分，也是重要的营养物质，是由多种不同的 α-氨基酸通过肽键相互连接而成的，并且具有多种多样的二级和三级结构。不同的蛋白质具有不同的氨基酸组成，多数氨基酸在人体内可以合成，但是有8种氨基酸在人体内不能合成：异亮氨酸、亮氨酸、赖氨酸、苯丙氨酸、蛋氨酸、苏氨酸、色氨酸、缬氨酸，必须从食物中获得，称为必需氨基酸。

虽然组成蛋白质的氨基酸多种多样，但是从化学组成上看，主要由C、H、O、N四种元素组成，还有少数氨基酸含有P、Cu、Fe、I等微量元素。因此，含有N元素是蛋白质区别于其他有机物的主要标志。

所谓蛋白质系数，就是指每份氮素相当于蛋白质的份数。大多数蛋白质含氮量为16%，即1份氮素相当于6.25(100/16)份蛋白质，此数值(6.25)称为蛋白质系数，用 F 表示。

2. 蛋白质检测的方法

测定蛋白质的方法可以大致分为两类，一类是利用蛋白质的共性，即含氮量、肽键和折射率等测定蛋白质含量，另一类是利用蛋白质中特定的氨基酸残基、酸碱性基团或芳香基团来测定蛋白质含量。蛋白质测定中最常用的方法是凯氏定氮法，它是测定总有机氮最准确和操作较简便的方法之一。另外，双缩脲分光光度法、染料结合分光光度法等也常用于蛋白质含量的测定。

3. 凯氏定氮法

凯氏定氮法由kieldahl于1833年首先提出，经长期改进，目前已成为检测蛋白质含量最常用的方法。其原理是将样品与浓硫酸和催化剂一同加热消化，使蛋白质分解，其中的碳和氢被氧化为二氧化碳和水，而样品中的有机氮转化为氨，与硫酸结合生成硫酸铵，此过程称为消化。之后加碱使消化液碱化，使氨游离出来，再通过水蒸气蒸馏，使氨蒸出，用硼酸吸收形成硼酸铵，再以标准盐酸或硫酸溶液滴定，根据标准算消耗量可以计算出蛋白质的含量。

103

凯氏定氮法的普遍适用性、精确性和可重复性已经得到了国际的广泛认可。它已经被确定为检测食品中蛋白质含量的标准方法。但是，由于凯氏定氮法实际测定的是食品中的总氮量，因此由凯氏定氮法测定的结果为粗蛋白含量，并且不能给出真实的蛋白质含量，可以通过人为加入氮元素含量高的物质的方法提高食品中蛋白质含量检测值，三聚氰胺便是如此。因此，2008 年轰动全国的三聚氰胺事件给大家敲响了警钟，也暴露了凯氏定氮法测定蛋白质含量的不足。

为了加快消化过程，需要加入催化剂，一般可以加入硫酸钾或硫酸铜。加入硫酸钾的目的是提高硫酸的沸点，加快有机物分解。一般硫酸沸点在 340 ℃，但是加入硫酸钾后，由于硫酸和硫酸钾反应生成硫酸氢钾，消化液沸点可以提高至 400 ℃以上。而加入硫酸铜的作用是加快反应进行，可以加快有机物的分解，另外加入硫酸铜，消化完成以后，消化液会呈现二价铜离子的蓝绿色，因此，硫酸铜还具有指示剂的作用。

 实验实施

1. 实验准备

（1）仪器与设备

1）天平：感量 0.001 g。

2）定氮蒸馏装置或自动凯氏定氮仪。

（2）试剂与药品

除非另有规定，本方法中所用试剂均为分析纯，水为《分析实验室用水规格和试验方法》（GB/T 6682—2008）规定的三级水。

1）硫酸铜（$CuSO_4 \cdot 5H_2O$）。

2）硫酸钾（K_2SO_4）。

3）硫酸（H_2SO_4 密度为 1.84 g/L）。

4）硼酸（H_3BO_3）。

5）甲基红指示剂（$C_{15}H_{15}N_3O_2$）。

6）溴甲酚绿指示剂（$C_{21}H_{14}Br_4O_5S$）。

7）亚甲基蓝指示剂（$C_{16}H_{18}ClN_3S \cdot 3H_2O$）。

8）氢氧化钠（NaOH）。

9）95% 乙醇（C_2H_5OH）。

10）硼酸溶液（20 g/L）：称取 20 g 硼酸，加水溶解后并稀释至 1 000 mL。

11）氢氧化钠溶液（400 g/L）：称取 40g 氢氧化钠加水溶解后，放冷，并且稀释至 100 mL。

12）硫酸标准滴定溶液（0.0500 mol/L）或盐酸标准滴定溶液（0.0500 mol/L）。

13）甲基红乙醇溶液（1 g/L）：称取 0.1 g 甲基红，溶于 95% 乙醇，用 95% 乙醇稀释至 100 mL。

14）亚甲基蓝乙醇溶液（1 g/L）：称取 0.1 g 亚甲基蓝，溶于 95% 乙醇，用 95% 乙醇稀释至 100 mL。

15）溴甲酚绿乙醇溶液（1 g/L）：称取 0.1 g 溴甲酚绿，用 95% 乙醇稀释至 100 mL。

16）混合指示液：2 份甲基红乙醇溶液（1 g/L）与 1 份亚甲基蓝乙醇溶液（1 g/L）临用时混合。也可用 1 份甲基红乙醇溶液（1 g/L）与 5 份溴甲酚绿乙醇溶液（1 g/L）临用时混合。

2. 实验步骤

（1）样品预处理

核桃仁样品干燥至恒重后，粉碎。称取充分混匀的固体试样 0.2 ~ 2 g，精确至 0.001 g，移入干燥的 100 mL、250 mL 或 500 mL 定氮瓶中，加入 0.2 g 硫酸铜、6 g 硫酸钾及 20 mL 硫酸，轻摇后于瓶口放一小漏斗，将瓶以 45°角斜支于有小孔的石棉网上。小心加热，待内容物全部炭化，泡沫完全消失后，加强火力，并且保持瓶内液体微沸，至液体呈蓝绿色并澄清透明后，再继续加热 0.5 ~ 1 h。取下放冷，小心加入 20 mL 水。放冷后，移入 100 mL 容量瓶中，并且用少量水洗定氮瓶，洗液并且入容量瓶中，再加水至刻度，混匀备用。同时做试剂空白实验。

（2）测定

1）手动凯氏定氮法：装好凯氏定氮蒸馏装置，向水蒸气发生器内装水至 2/3 处，加入数粒玻璃珠，加甲基红乙醇溶液数滴及数毫升硫酸，以保持水呈酸性，加热煮沸水蒸气发生器内的水并保持沸腾。向接收瓶内加入 10.0 mL 硼酸溶液及 1 ~ 2 滴混合指示液，并且使冷凝管的下端插入液面下，根据试样中氮含量，准确吸取 2.0 ~ 10.0 mL 试样处理液由小玻杯注入反应室，以 10 mL 水洗涤小玻杯并使之流入反应室内，随后塞紧棒状玻塞。将 10.0 mL 氢氧化钠溶液倒入小玻杯，提起玻塞使其缓缓流入反应室，立即将玻塞盖紧，并且加水于小玻杯以防漏气。夹紧螺旋夹，开始蒸馏。蒸馏 10 min 后移动蒸馏液接收瓶，液面离开冷凝管下端，再蒸馏 1 min。然后用少量水冲洗冷凝管下端外部，取下蒸馏液接收瓶。以硫酸或盐酸标准滴定溶液滴定至终点，其中 2 份甲基红乙醇溶液与 1 份亚甲基蓝乙醇溶液指示剂，颜色由紫红色变成灰色，pH 5.4；1 份甲基红乙醇溶液与 5 份溴甲酚绿乙醇溶液指示剂，颜色由酒红色变成绿色，pH 5.1。同时作试剂空白实验。

2）自动凯氏定氮仪法：核桃仁样品干燥至恒重后，粉碎。称取充分混匀的固体试样 0.2 ~ 2 g，精确至 0.001 g。按照仪器说明书的要求进行检测。

3. 结果计算

$$X = \frac{(V_1 - V_2) \times c \times 0.014\,0}{m \times V_3/100} \times F \times 100$$

式中　X——试样中蛋白质的含量（g/100 g）；

　　　V_1——试液消耗硫酸或盐酸标准滴定液的体积（mL）；

　　　V_2——试剂空白消耗硫酸或盐酸标准滴定液的体积（mL）；

　　　V_3——吸取消化液的体积（mL）；

　　　c——硫酸或盐酸标准滴定溶液浓度（mol/L）；

0.014 0——1.0 mL 硫酸 $[c(1/2H_2SO_4) = 1.000\ \text{mol/L}]$ 或盐酸 $[c(HCl) = 1.000\ \text{mol/L}]$
　　　　　标准滴定溶液相当的氮的质量（g）；

　　　m——试样的质量（g）；

　　　F——氮换算为蛋白质的系数。一般食物为 6.25；纯乳与纯乳制品为 6.38；小麦粉为 5.70；玉米、高粱为 6.24；花生为 5.46；大米为 5.95；大豆及其粗加工制品为 5.71；大豆蛋白制品为 6.25；肉与肉制品为 6.25；大麦、小米、燕麦、裸麦为 5.83；芝麻、向日葵为 5.30；复合配方食品为 6.25。

以重复性条件下获得的两次独立测定结果的算术平均值表示，蛋白质含量大于或等于 1 g/100 g时，结果保留 3 位有效数字；蛋白质含量小于 1 g/100 g 时，结果保留 2 位有效数字。

4. 精密度

在重复性条件下获得的两次独立测定结果的绝对差值不得超过算术平均值的 10%。

 知识拓展

食品中蛋白质的测定方法，除了经典的凯氏定氮法，还有分光光度法。其原理是食品中的蛋白质在催化加热条件下被分解，分解产生的氨与硫酸结合生成硫酸铵，在 pH 4.8 的乙酸钠-乙酸缓冲溶液中与乙酰丙酮和甲醛反应生成黄色的 3，5-二乙酰-2，6-二甲基-1，4-二氢化吡啶化合物。在波长 400 nm 下测定吸光度值，与标准系列比较定量，结果乘以换算系数，即为蛋白质含量。

 实验实施

1. 实验准备

（1）仪器与设备

1）分光光度计。

2）电热恒温水浴锅：100 ℃ ±0.5 ℃。

3）具塞玻璃比色管：10 mL。

4）天平：感量 0.001 g。

5）容量瓶：50 mL 或 100 mL。

（2）试剂与药品

除非另有规定，本方法中所用试剂均为分析纯，水为《分析实验室用水规格和试验方法》（GB/T 6682—2008）规定的三级水。

1）硫酸铜（$CuSO_4 \cdot 5H_2O$）。

2）硫酸钾（K_2SO_4）。

3）硫酸（H_2SO_4）：优级纯，$\rho = 1.84$ g/L。

4）氢氧化钠（$NaOH$）。

5）对硝基苯酚（$C_6H_5NO_3$）。

6）乙酸钠（$CH_3COONa \cdot 3H_2O$）。

7）无水乙酸钠（CH_3COONa）。

8）乙酸（CH_3COOH）：优级纯。

9）37% 甲醛（$HCHO$）。

10）乙酰丙酮（$C_5H_8O_2$）。

11）氢氧化钠溶液（300 g/L）：称取 30 g 氢氧化钠加水溶解后，放冷，并稀释至 100 mL。

106

12）对硝基苯酚指示剂溶液（1 g/L）：称取 0.1 g 对硝基苯酚指示剂溶于 20 mL 95% 乙醇中，加水稀释至 100 mL。

13）乙酸溶液（1 mol/L）：量取 5.8 mL 乙酸（优级纯），加水稀释至 100 mL。

14）乙酸钠溶液（1 mol/L）：称取 41 g 无水乙酸钠或 68 g 乙酸钠，加水溶解后并稀释至 500 mL。

15）乙酸钠-乙酸缓冲溶液：量取 60 mL 乙酸钠溶液（1 mol/L）与 40 mL 乙酸溶液（1 mol/L）混合，该溶液 pH 4.8。

16）显色剂：15 mL 甲醛与 7.8 mL 乙酰丙酮混合，加水稀释至 100 mL，剧烈振摇混匀（室温下放置稳定 3 天）。

17）氨氮标准储备溶液（以氮计）（1.0 g/L）：称取 105 ℃ 干燥 2 h 的硫酸铵 0.472 0 g 加水溶解后移于 100 mL 容量瓶中，并稀释至刻度，混匀，此溶液每毫升相当于 1.0 mg 氮。

18）氨氮标准使用溶液（0.1 g/L）：用移液管吸取 10.00 mL 氨氮标准储备液（1.0 g/L）于 100 mL 容量瓶内，加水定容至刻度，混匀，此溶液每毫升相当于 0.1 mg 氮。

2. 实验步骤

（1）样品预处理

1）试样消解：称取经粉碎混匀过 40 目筛的固体试样 0.1 ~ 0.5 g（精确至 0.001 g），移入干燥的 100 mL 或 250 mL 定氮瓶中，加入 0.1 g 硫酸铜、1 g 硫酸钾及 5 mL 硫酸（优级纯，$\rho = 1.84$ g/L），摇匀后于瓶口放一小漏斗，将定氮瓶以 45° 角斜支于有小孔的石棉网上。缓慢加热，待内容物全部炭化，泡沫完全消失后，加强火力，并且保持瓶内液体微沸，至液体呈蓝绿色澄清透明后，再继续加热半小时。取下放冷，慢慢加入 20 mL 水，放冷后移入 50 mL 或 100 mL 容量瓶中，并且用少量水洗定氮瓶，洗液并入容量瓶中，再加水至刻度，混匀备用。按同一方法做试剂空白实验。

2）试样溶液的制备：吸取 2.00 ~ 5.00 mL 试样或试剂空白消化液于 50 mL 或 100 mL 容量瓶内，加 1 ~ 2 滴对硝基苯酚指示剂溶液（1 g/L），摇匀后滴加氢氧化钠溶液（300 g/L）中和至黄色，再滴加乙酸溶液（1 mol/L）至溶液无色，用水稀释至刻度，混匀。

3）标准曲线的绘制：吸取 0.00 mL、0.05 mL、0.10 mL、0.20 mL、0.40 mL、0.60 mL、0.80 mL 和 1.00 mL 氨氮标准使用溶液（相当于 0.00 μg、5.00 μg、10.0 μg、20.0 μg、40.0 μg、60.0 μg、80.0 μg 和 100.0 μg 氮），分别置于 10 mL 比色管中。加 4.0 mL 乙酸钠-乙酸缓冲溶液（pH 4.8）及 4.0 mL 显色剂，加水稀释至刻度，混匀。置于 100 ℃ 水浴中加热 15 min。取出用水冷却至室温后，移入 1 cm 比色杯内，以零管为参比，于波长 400 nm 处测量吸光度值，根据标准各点吸光度值绘制标准曲线或计算线性回归方程。

（2）测定

吸取 0.50 ~ 2.00 mL（相当于氮小于 100 μg）试样溶液和同量的试剂空白溶液，分别于 10 mL 比色管中。以下按"标准曲线的绘制"中，自"加 4 mL 乙酸钠-乙酸缓酸溶液（pH 4.8）及 4.0 mL 显色剂……"起操作。试样吸光度值与标准曲线比较定量或代入线性回归方程求出含量。

3. 结果计算

$$X = \frac{(c - c_0)}{m \times \dfrac{V_2}{V_1} \times \dfrac{V_4}{V_3} \times 1\,000 \times 1\,000} \times 100 \times F$$

式中　X——试样中蛋白质的含量（g/100 g）；

　　　c——试样测定液中氮的含量（μg）；

　　　c_0——试剂空白测定液中氮的含量（μg）；

　　　V_1——试样消化液定容体积（mL）；

　　　V_2——制备试样溶液的消化液体积（mL）；

　　　V_3——试样溶液总体积（mL）；

　　　V_4——测定用试样溶液体积（mL）；

　　　m——试样质量（g）；

　　　F——氮换算为蛋白质的系数。一般食物为 6.25；纯乳与纯乳制品为 6.38；小麦粉为
　　　　　5.70；玉米、高粱为 6.24；花生为 5.46；大米为 5.95；大豆及其粗加工制品
　　　　　为 5.71；大豆蛋白制品为 6.25；肉与肉制品为 6.25；大麦、小米、燕麦、裸
　　　　　麦为 5.83；芝麻、向日葵为 5.30；复合配方食品为 6.25。

以重复性条件下获得的两次独立测定结果的算术平均值表示，蛋白质含量大于或等于
1 g/100 g 时，结果保留 3 位有效数字；蛋白质含量小于 1 g/100 g 时，结果保留 2 位有效数字。

4. 精密度

在重复性条件下获得的两次独立测定结果的绝对差值不得超过算术平均值的 10%。

108

任务四　大枣水分的测定

<难度指数> ★

 ## 学习目标

1. 知识目标

（1）掌握蒸馏法测定水分的操作方法。

（2）理解法的原理及计算方法。

（3）知道国标中水分测定的各个方法的适用范围。

2. 能力目标

（1）会使用恒温干燥箱、干燥器、称量瓶、分析天平、研钵等仪器。

（2）能根据需要进行样品的预处理。

（3）能阅读并正确理解、运用国家标准。

（4）会根据国家标准测定其他食品中的水分含量。

3. 情感态度价值观目标

知道水分对食品的重要意义。

 ## 任务描述

参照国标《食品安全国家标准　食品中水分的测定》（GB 5009.3—2010）第三法蒸馏
法，对大枣样品进行测定，计算其水分含量。

 ## 任务分解

大枣水分测定流程如图 1-46 所示。

图 1-46　大枣水分测定流程

 知识储备

1. 大枣的营养价值

大枣被誉为"百果之王"，富含蛋白质、脂肪、糖类、胡萝卜素、B 族维生素、维生素 C、维生素 P 及磷、钙、铁等成分，其中维生素 C 的含量高达葡萄、苹果的 70～80 倍，维生素 P 的含量也很高，这两种维生素对防癌和预防高血压、高血脂都有一定作用。除此之外，大枣还有抗肿瘤、抗氧化、保护肝脏、提高免疫力、抗过敏、防治骨质疏松和贫血等多种生理活性。

2. 食品中的水分

水是食品的重要组成成分，食品中水分含量对食品的品质具有重要的影响作用。各种食品的水分含量差别很大，如鲜果为 70%～93%，蔬菜为 80%～97%，鱼类为 67%～81%，鲜蛋为 67%～74%，乳类为 87%～89%，猪肉为 43%～59%，即使是干态食品也含有少量水分，如小麦粉的水分含量一般为 12%～14%，饼干为 2.5%～5%。食品中水分的存在形式可以分为结合水和自由水。自由水有滞化水、毛细管水和自由流动的水。结合水有化合水、邻近水、多层水。

控制食品中的水分含量，对保持食品的感官性质、维持食品中其他成分的平衡关系和保证食品的稳定性都有重要作用。而水分的测定是食品分析与检验中的重要项目，对食品生产、工艺控制与监督具有重要意义。

食品中水分的测定方法很多，分为直接法和间接法。直接法是利用水分本身的物理化学性质来检测水分含量，如直接干燥法、减压干燥法、蒸馏法和卡尔费休法；间接法是利用食品的相对密度、折射率、电导率等性质来测定食品中的水分含量。

蒸馏法的原理是利用食品中水分的物理化学性质，使用水分测定器将食品中的水分与甲苯或二甲苯共同蒸出，根据接收的水的体积计算出试样中水分的含量。本方法适用于含较多其他挥发性物质的食品，如油脂、香辛料等。这里用蒸馏法测定大枣中的水分含量。

 实验实施

1. 实验准备

（1）仪器和设备

1）水分测定器：如图 1-47 所示（带可调电热套）。水分接收管容量 5 mL，最小刻度值 0.1 mL，容量误差小于 0.1 mL。

2）天平：感量 0.000 1 g。

109

（2）试剂和材料

甲苯或二甲苯(化学纯)：取甲苯或二甲苯，先以水饱和后，分去水层，进行蒸馏，收集馏出液备用。

2. 实验步骤

准确称取适量试样(应使最终蒸出的水在 2~5 mL，但最多取样量不得超过蒸馏瓶的2/3)，放入 250 mL 蒸馏瓶中，加入新蒸馏的甲苯(或二甲苯)75 mL，连接冷凝管与水分接收管，从冷凝管顶端注入甲苯，装满水分接收管。

加热慢慢蒸馏，使每秒钟的馏出液为两滴，待大部分水分蒸出后，加速蒸馏约每秒钟 4 滴，当水分全部蒸出后，接收管内的水分体积不再增加时，从冷凝管顶端加入甲苯冲洗。如冷凝管壁附有水滴，可用附有小橡皮头的铜丝擦下，再蒸馏片刻至接收管上部及冷凝管壁无水滴附着，接收管水平面保持 10 min 不变为蒸馏终点，读取接收管水层的容积。

3. 结果计算

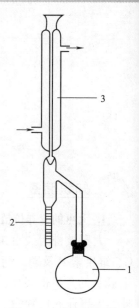

图 1-47　水分测定器
1—250 mL 蒸馏瓶；
2—水分接收管，有刻度；
3—冷凝管

$$X = \frac{V}{m} \times 100$$

式中　X——试样中水分的含量(mL/100 g)(或按水在 20 ℃ 的密度 0.998 20 g/mL 计算质量)；

　　　V——接收管内水的体积(mL)；

　　　m——试样的质量(g)。

以重复性条件下获得的两次独立测定结果的算术平均值表示，结果保留 3 位有效数字。

4. 精密度

在重复性条件下获得的两次独立测定结果的绝对差值不得超过算术平均值的 10%。

 知识拓展

食品中的水分测定除可以采用直接干燥法和蒸馏法以外，还有减压干燥法。减压干燥法的原理是利用食品中水分的物理性质，在达到 40~53 kPa 压力后加热至 60 ℃ ±5 ℃，采用减压烘干方法去除试样中的水分，再通过烘干前后的称量数值计算出水分的含量。下面介绍减压干燥法。

1. 实验准备

1）真空干燥箱。

2）扁形铝制或玻璃制称量瓶。

3）干燥器：内附有效干燥剂。

4）天平：感量 0.000 1 g。

2. 实验步骤

（1）样品预处理

试样的制备：粉末和结晶试样直接称取；较大块颗粒经研钵粉碎，混匀备用。

（2）测定

取已恒重的称量瓶称取 2~10 g(精确至 0.000 1 g)试样，放入真空干燥箱内，将真空干燥箱连接真空泵，抽出真空干燥箱内空气（所需压力一般为 40～53 kPa），并且同时加热至所需温度 60 ℃±5 ℃。关闭真空泵上的活塞，停止抽气，使真空干燥箱内保持一定的温度和压力，经 4 h 后，打开活塞，使空气经干燥装置缓缓通入至真空干燥箱内，待压力恢复正常后再打开。取出称量瓶，放入干燥器中 0.5 h 后称量，并且重复以上操作至前后两次质量差不超过 2 mg，即为恒重。

3. 结果计算

样品干燥前后的质量差除以样品质量即为水分含量。

4. 精密度

在重复性条件下获得的两次独立测定结果的绝对差值不得超过算术平均值的 10%。

任务五 大枣中还原糖的测定

<难度指数> ★★★

 学习目标

1. 知识目标

（1）掌握大枣中还原糖测定的方法。

（2）理解直接滴定法测定还原糖的原理和计算方法。

2. 能力目标

（1）熟练使用容量瓶、滴定管等仪器。

（2）会配制和标定标准溶液。

（3）能阅读并正确理解、运用国家标准。

3. 情感态度价值观目标

知道食品中糖的种类，根据测定结果判定食品中的糖含量，借以指导生活。

 任务描述

对给定的大枣样品，按照标准要求进行样品预处理和样品制备，检测大枣中还原糖的含量［参照《食品中还原糖的测定》(GB/T 5009.7—2008)第一法］。

 任务分解

大枣中还原糖的测定如图 1-48 所示。

采样
⇩
预处理
⇩
滴定
⇩
结果计算

图 1-48 大枣中还原糖的测定

111

知识储备

1. 食品中的糖

食品中的糖主要有单糖、低聚糖和多糖三类。单糖是指不能水解的最简单的多羟基醛或多羟基酮及其衍生物,有葡萄糖、果糖、乳糖等。低聚糖是指聚合度小于或者等于 10 的糖,其中以二糖最为重要,如蔗糖、麦芽糖等。多糖是指聚合度大于 10 的糖类,常见的有淀粉、纤维素等。

2. 还原糖

还原糖是指可以被氧化,具有还原性的糖类,主要是指分子中含自由醛基或在溶液中能通过异构化产生醛基的糖。所有的单糖(除二羟丙酮),不论醛糖、酮糖都是还原糖。大部分双糖也是还原糖,判断依据是看羰基碳(异头碳)有没有全部参与形成糖苷键,如果没有全部参与则属于还原糖,如麦芽糖属于还原糖,而蔗糖则不属于还原糖。非还原糖本身没有还原性,但是可以通过水解而成为具有还原性的单糖,再进行测定,然后换算成样品中相应的糖类含量。所以,糖类的测定是以还原糖的测定为基础的。

3. 还原糖的测定原理

食品中还原糖的测定原理是一定量的碱性酒石酸铜甲、乙液等体积混合有,生成天蓝色的氢氧化铜沉淀,这种沉淀很快与酒石酸钾钠反应,生成深蓝色的酒石酸钾钠铜的络合物。在加热条件下,以次甲基蓝作为指示剂,用样液直接滴定经过标定的碱性酒石酸铜溶液,还原糖将二价铜还原为氧化亚铜,待二价铜全部被还原后,稍过量的还原糖将次甲基蓝还原,溶液由蓝色变为无色,即为终点。根据最终消耗的样液体积,即可计算出还原糖的含量。

 实验实施

1. 实验准备

(1)仪器与设备

1)酸式滴定管:25 mL。

2)可调电炉:带石棉板。

3)锥形瓶:150 mL。

4)具塞锥形瓶。

(2)试剂与药品

1)盐酸(HCl)。

2)硫酸铜($CuSO_4 \cdot 5H_2O$)。

3)亚甲蓝($C_{16}H_{18}ClN_3S \cdot 3H_2O$):指示剂。

4)酒石酸钾钠($C_4H_4O_6KNa \cdot 4H_2O$)。

5)乙酸锌[$Zn(CH_3COO)_2 \cdot 2H_2O$]。

6)冰乙酸($C_2H_4O_2$)。

7)亚铁氰化钾[$K_4Fe(CN)_6 \cdot 3H_2O$]。

8)葡萄糖($C_6H_{12}O_6$)。

9)果糖($C_6H_{12}O_6$)。

10)乳糖($C_6H_{12}O_6$)。

11）蔗糖（$C_{12}H_{22}O_{11}$）。

12）碱性酒石酸铜甲液：称取 15 g 硫酸铜（$CuSO_4 \cdot 5H_2O$）及 0.05 g 亚甲蓝，溶于水中并稀释至 1 000 mL。

13）碱性酒石酸铜乙液：称取 50 g 酒石酸钾钠、75 g 氢氧化钠，溶于水中，再加入 4 g 亚铁氰化钾，完全溶解后，用水稀释至 1 000 mL，储存于橡胶塞玻璃瓶内。

14）乙酸锌溶液（219 g/L）：称取 21.9 g 乙酸锌，加 3 mL 冰乙酸，加水溶解并稀释至 100 mL。

15）亚铁氰化钾溶液（106 g/L）：称取 10.6 g 亚铁氰化钾，加水溶解并稀释至 100 mL。

16）氢氧化钠溶液（40 g/L）：称取 4 g 氢氧化钠，加水溶解并稀释至 100 mL。

17）盐酸溶液（1 + 1）：量取 50 mL 盐酸，加水稀释至 100 mL。

18）葡萄糖标准溶液：称取 1 g（精确至 0.000 1 g）经过 98～100 ℃ 干燥 2 h 的葡萄糖，加水溶解后加入 5 mL 盐酸，并且以水稀释至 1 000 mL。此溶液每毫升相当于 1.0 mg 葡萄糖。

19）果糖标准溶液：称取 1 g（精确至 0.000 1 g）经过 98～100 ℃ 干燥 2 h 的果糖，加水溶解后加入 5 mL 盐酸，并且以水稀释至 1 000 mL。此溶液每毫升相当于 1.0 mg 果糖。

20）乳糖标准溶液：称取 1 g（精确至 0.000 1 g）经过 96 ℃±2 ℃ 干燥 2 h 的乳糖，加水溶解后加入 5 mL 盐酸，并且以水稀释至 1 000 mL。此溶液每毫升相当于 1.0 mg 乳糖（含水）。

21）转化糖标准溶液：准确称取 1.052 6 g 蔗糖，用 100 mL 水溶解，置具塞锥形瓶中，加 5 mL 盐酸（1 + 1），在 68～70 ℃ 水浴中加热 15 min，放置至室温，转移至 1 000 mL 容量瓶中并定容至 1 000 mL，每毫升标准溶液相当于 1.0 mg 转化糖。

2. 实验步骤

（1）试样处理

大枣样品切碎，称取 2.5～5 g，精确至 0.001 g，置 250 mL 容量瓶中，加 50 mL 水，慢慢加入 5 mL 乙酸锌溶液及 5 mL 亚铁氰化钾溶液，加水至刻度，混匀，静置 30 min，用干燥滤纸过滤，弃去初滤液，取续滤液备用。

（2）标定碱性酒石酸铜溶液

吸取 5.0 mL 碱性酒石酸铜甲液及 5.0 mL 碱性酒石酸铜乙液，置于 150 mL 锥形瓶中，加水 10 mL，加入玻璃珠两粒，从滴定管滴加约 9 mL 葡萄糖或其他还原糖标准溶液，控制在 2 min 内加热至沸，趁热以 1 滴/2 s 的速度继续滴加葡萄糖或其他还原糖标准溶液，直至溶液蓝色刚好褪去为终点，记录消耗葡萄糖或其他还原糖标准溶液的总体积，同时平行操作三份，取其平均值，计算每 10 mL（甲、乙液各 5 mL）碱性酒石酸铜溶液相当于葡萄糖的质量或其他还原糖的质量（mg）。

$$\rho_2 = V\rho_1$$

式中　ρ_1——葡萄糖标准溶液的浓度（mg/mL）；

　　　V——标定时消耗葡萄糖标准溶液的总体积（mL）；

　　　ρ_2——10 mL 碱性酒石酸铜溶液相当于葡萄糖的质量（mg）。

（3）试样溶液预测

吸取 5.0 mL 碱性酒石酸铜甲液及 5.0 mL 碱性酒石酸铜乙液，置于 150 mL 锥形瓶中，加水 10 mL，加入玻璃珠两粒，控制在 2 min 内加热至沸，保持沸腾以先快后慢的速度从滴定管中滴加试样溶液，并且保持溶液沸腾状态，待溶液颜色变浅时，以 1 滴/2 s 的速度滴定，直至溶液蓝色刚好褪去为终点，记录样液消耗的体积。当样液中还原糖浓度过高时，应适当稀释后再进行正式测定，使每次滴定消耗样液的体积控制在与标定碱性酒石酸铜溶液时所消耗的还原糖标准溶液的体积相近，约 10 mL，结果按式(1-9)计算。当浓度过低时则采取直接加入 10 mL 样品液，免去加水 10 mL，再用还原糖标准溶液滴定至终点，记录消耗的体积与标定时消耗的还原糖标准溶液体积之差相当于 10 mL 样液中所含还原糖的量，结果按式(1-10)计算。

（4）试样溶液测定

吸取 5.0 mL 碱性酒石酸铜甲液及 5.0 mL 碱性酒石酸铜乙液，置于 150 mL 锥形瓶中，加水 10 mL，加入玻璃珠两粒，从滴定管滴加比预测体积少 1 mL 的试样溶液至锥形瓶中，控制在 2 min 内加热至沸，保持沸腾继续以 1 滴/2 s 的速度滴定，直至蓝色刚好褪去为终点，记录样液消耗体积，同法平行操作三份，得出平均消耗体积。

3. 结果计算

试样中还原糖的含量（以某种还原糖计）按式(1-9)进行计算：

$$X = \frac{m_1}{m \times V/250 \times 1\,000} \times 100 \tag{1-9}$$

式中　X——试样中还原糖的含量（以某种还原糖计）（g/100 g）；

　　　m_1——碱性酒石酸铜溶液（甲、乙液各半）相当于某种还原糖的质量（mg）；

　　　m——试样质量（g）；

　　　V——测定时平均消耗试样溶液体积（mL）。

当浓度过低时，试样中还原糖的含量（以某种还原糖计）按式(1-10)进行计算：

$$X = \frac{m_2}{m \times V/250 \times 1\,000} \times 100 \tag{1-10}$$

式中　X——试样中还原糖的含量（以某种还原糖计）（g/100 g）；

　　　m_2——标定时体积与加入样品后消耗的还原糖标准溶液体积之差相当于某种还原糖的质量（mg）；

　　　m——试样质量（g）。

还原糖含量大于或者等于 10 g/100 g 时，计算结果保留 3 位有效数字；还原糖含量小于 10 g/100 g 时，计算结果保留 2 位有效数字。

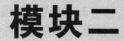

模块二
焙烤食品成品质量的检验

项目一　焙烤食品感官指标的检验

　　各种食品都有一定的感官特征，感官指标是食品的重要技术指标，它不同于一般的工业产品。所谓感官分析检验，即用感觉器官检查食品的感官特性。感觉器官是指人的眼、口、鼻、手。感官特性，即可由感觉器官感知的食品特性，也就是我们常说的食品的色、香、味、形。

　　消费者习惯上都凭感官来决定食品的好坏，从而加以取舍。感官鉴定不同于消费者的偏爱检验，但是感官检验无疑总带有主观性，感官认为良好的食品，不一定符合营养和卫生的要求。某些有害物质不一定影响感官印象。故评价一个食品的好坏，感官无疑是一个重要的指标，因为它直接关系着消费者的取舍。同时，感官检验需结合理化、卫生指标综合检验，由此衡量一种食品的好坏，这才是正确的方法。

　　在食品感官检验中，特别是在同种食品的评比中，大多设立评价小组和评价员，这些评价人员具有一定的食品知识并具有丰富的感官评比经验，本项目讲的是实验室如何进行感官检验。当然，食品的评价员要经过一定的考核才能胜任，这不同于一般检验人员进行感官指标的检验。

　　<难度指标> ★★

 学习目标

1. 知识目标

（1）理解焙烤食品感官检验的概念和特征，了解样品制备、呈送与检验的基本方法。

（2）熟练地使用感官实训室相关设备，初步形成学习食品感官检验的能力，能适应并遵守感官检验的要求。

2. 能力目标

（1）能根据任务的要求，评价样品的感官特性并能运用正确的语言和方式表达。

（2）能采用适当的工具和方式呈现信息、发表观点。

（3）能对自己和他人的感官检验活动过程和结果进行评价，能归纳和总结感官检验结果。

3. 情感态度价值观目标

（1）体验焙烤食品感官检验的内涵，激发和保持对感官检验的求知欲，形成积极主动地学习和使用感官检验技术、参与感官检验活动的态度。

（2）能理解并遵守感官检验对实验员的要求，负责任地、安全地、正确地使用感官评价仪器及标准，培养认真负责的工作态度。

 任务描述

对任意一个焙烤食品样品，按方法要求对样品进行制备、呈送、检验、记录、结果汇总，保留初始数据，准确详细记录实验结果。

 任务分解

焙烤食品感官指标检验流程如图 2-1 所示。

图 2-1　焙烤食品感官指标检验流程

 实验实施

1. 实验人员的基本条件和要求

1）身体健康，不能有任何感官方面的缺陷。

2）具有正常的敏感性。

3）个人卫生条件较好，无明显个人气味。

4）具有检验产品的专业知识，并对所检验产品无偏见。应确定评价员对某些产品有无厌恶感，尤其是将来可能被评价的产品，避免检验结果的偏向性。

5）感官分析期间要具有正常的生理状态，如不饥饿和过饱。在检验前 1 h 不抽烟，不吃东西；可以喝水，但不宜喝茶水；不能使用有气味的化妆品。

2. 环境条件要求

1）感官分析应在专门检验室内进行，至少也应有一个安静、不受干扰的环境。

2）与样品接触的容器适合所盛的样品，表面无吸收性并对检验结果无影响。应保证漱口水质量，一般无特殊要求时，凉开水即可。

3. 样品的制备与呈送

（1）样品制备的要求

样品制备时，应保持所制备的每份样品都具有完全一致的特性指标（包括样品量、颜色、形态、外观、温度等)。每份样品的盛放容器也应完全一致。

1)样品的制备方法:用于检测组织、滋味、口感等项目的样品,应按以下方法处理:

①糕点类:用刀具按四分法切开。

②面包类:用刀具按四分法切开(切片类除外)。

③饼干类:不做处理。

④月饼类:用刀具按四分法切开。

2)样品量:每份样品量应控制在:

①糕点类:2块。

②面包类:2个。

③饼干类:5块(片)。

④月饼类:2块。

准备经分割处理后样品(每人一份),用于检测滋味、气味、组织状态等项目:

①糕点类:2块。

②面包类:2块(切片类2片)。

③饼干类:3块(片)。

④月饼类:2块。

3)样品的温度:将样品温度保持在该种产品日常食用的温度,通常为室温。

(2)样品呈送器皿的要求

①呈送样品的器皿应为白色的陶瓷盘或一次性塑料盘。

②盛放同一检测批次样品的器皿的外形、颜色和大小应保持一致。

③清洗时,应选用无味清洗剂洗涤。

④器皿和用具的储藏柜应无味,保存时不得相互污染。

4. 检测流程

1)样品制备员首先发放完整样品,每位检测员观察 1 min 左右,并填写"外观""色泽"等检测项目。

2)完整样品检测结束后,样品制备员发放分割样品,每位检测员观察、品尝 5 min 左右,填写"滋味""气味""组织状态"等检测项目。

3)每个品种检测结束后,感官检测员需休息 5~10 min,方可进行下一轮检测。

4)面包的感官要求主要包括形态、表面色泽、组织、滋味与口感、其他(见表2-1)。饼干的感官要求应具有该品种特有的正常色泽、气味、滋味与组织状态,不得有酸败、发霉等异味,以及其他外来的污染物,根据表2-2对观察结果作出评价。糕点的感官检验要求主要包括形态、色泽、组织、滋味与口感及其他等项目,按表2-3要求进行检验。

表 2-1　面包感官要求

项目	形态	表面色泽	组织	滋味与口感	其他
软式面包	完整,丰满,无黑泡或明显焦斑,形状应与品种造型相符	金黄色、浅棕色或棕灰色,色泽均匀、正常	细腻,有弹性,气孔均匀,纹理清晰,呈海绵状,切片后不断裂	具有发酵和烘烤后的面包香味,松软适口,无异味	正常视力无可见的外来异物

（续）

项目	形态	表面色泽	组织	滋味与口感	其他
硬式面包	表皮有裂口，完整，丰满，无黑泡或明显焦斑，形状应与品种造型相符	金黄色、浅棕色或棕灰色、色泽均匀、正常	紧密，有弹性	耐咀嚼，无异味	正常视力无可见的外来异物
起酥面包	丰满，多层，无黑泡或明显焦斑，光洁，形状应与品种造型相符		有弹性，多孔，纹理清晰，层次分明	表皮酥脆，内质松软，口感酥香，无异味	
调理面包	完整，丰满，无黑泡或明显焦斑，形状应与品种造型相符		细腻，有弹性，气孔均匀，纹理清晰，呈海绵状	具有品种应有的滋味与口感，无异味	
其他面包	符合产品应有的形态		符合产品应有的组织要求	符合产品应有的滋味与口感，无异味	

表2-2　饼干感官要求

项目	形态	表面色泽	滋味与口感	组织	其他
酥性饼干	外形完整，花纹清晰，厚薄基本均匀，不收缩，不变形，不起泡，无裂痕，不应有较大或较多的凹底。特殊加工品种表面或中间允许有可食颗粒存在（如椰蓉、芝麻、砂糖、巧克力、燕麦等）	呈棕黄色或金黄色或品种应有的色泽，色泽基本均匀，表面略带光泽，无白粉，不应有过焦、过白的现象	具有品种应有的香味，无异味，口感酥松或松脆，不粘牙	断面结构呈多孔状，细密，无大孔洞	—
韧性饼干	外形完整，花纹清晰，厚薄基本均匀，不收缩，不变形，不起泡，无裂痕，不应有较大或较多的凹底。特殊加工品种表面或中间允许有可食颗粒存在（如椰蓉、芝麻、砂糖、巧克力、燕麦等）	呈棕黄色、金黄色或品种应有的色泽，色泽基本均匀，表面有光泽，无白粉，不应有过焦、过白的现象	具有品种应有的香味，无异味，口感松脆细腻，不粘牙	断面结构由层次或呈多孔状	冲调性：10 g 冲泡型韧性饼干在 50 mL 70 ℃ 温开水中应充分吸水，用小勺搅拌后应呈糊状
发酵饼干	外形完整，厚薄大致均匀，表面有较均匀的泡点，无裂缝，不收缩，不变形，不应有凹底。特殊加工品种表面或中间允许有工艺要求添加的原料颗粒（如果仁、芝麻、砂糖、食盐、巧克力、椰丝、蔬菜等颗粒）	呈浅黄色、谷黄色或品种应有的色泽，饼边及泡点允许褐黄色，色泽基本均匀，表面略有光泽，无白粉，不应有过焦的现象	咸味或甜味适中，具有发酵制品应有的香味及品种特有的香味，无异味，口感酥松或松脆，不粘牙	断面结构层次分明或呈多孔状	—
压缩饼干	块形完整，无严重缺角、缺边	呈谷黄色、深谷黄色或品种应有的色泽	具有品种应有的香味，无异味，不粘牙	断面结构呈紧密状，无孔洞	—

118

（续）

项目	形态	表面色泽	滋味与口感	组织	其他
曲奇饼干	外形完整，花纹或波纹清楚，同一造型大小基本均匀，饼体摊散适度，无连边。花色曲奇饼干添加的辅料应颗粒大小基本均匀	表面呈金黄色、棕黄色或品种应有的色泽，色泽基本均匀，花纹与饼体边缘允许有较深的颜色，但不应有过焦、过白的现象。花色曲奇饼干允许有添加辅料的色泽	有明显的奶香味及品种特有的香味，无异味，口感酥松或松软	断面结构呈细密的多孔状，无较大孔洞。花色曲奇饼干应具有品种添加辅料的颗粒	—
夹心（或注心）饼干	外形完整，边缘整齐，夹心饼干不错位、不脱片，饼干表面应符合饼干单片要求，夹心层厚薄基本均匀，夹心或注心料无外溢	饼干单片呈棕黄色或品种应有的色泽，色泽基本均匀。夹心或注心料呈该料应有的色泽，色泽基本均匀	应符合品种所调制的香味，无异味，口感疏松或松脆，夹心料细腻，无糖粒感	饼干单片断面应具有其相应品种的结构，夹心或注心层次分明	—
威化饼干	外形完整，块形端正，花纹清晰，厚薄基本均匀，无分离及夹心料溢出现象	具有品种应有的色泽，色泽基本均匀	具有品种应有的口味，无异味，口感松脆或酥化，夹心料细腻，无糖粒感	片子断面结构呈多孔状，夹心料均匀，夹心层次分明	—
蛋圆饼干	呈冠圆形或多冠圆形，外形完整，大小、厚薄基本均匀	呈金黄色、棕黄色或品种应有的色泽，色泽基本均匀	味甜，具有蛋香味及品种应有的香味，无异味，口感松脆	断面结构呈细密的多孔状，无较大孔洞	—
蛋卷	呈多层卷筒形态或品种特有的形态，断面层次分明，外形基本完整，表面光滑或呈花纹状。特殊加工品种表面允许有可食颗粒存在	表面呈浅黄色、金黄色、浅棕黄色或品种应有的色泽，色泽基本均匀	味甜，具有蛋香味及品种应有的香味，无异味，口感松脆或酥松	—	—
煎饼	外形基本完整，特殊加工品种表面允许有可食颗粒存在	表面呈浅黄色、金黄色、浅棕黄色或品种应有的色泽，色泽基本均匀	具有品种应有的香味，无异味，口感硬脆、松脆或酥松	—	—

（续）

项目	形态	表面色泽	滋味与口感	组织	其他
装饰饼干	外形完整，大小基本均匀，涂层或粘花与饼干基片不应分离。涂层饼干的涂层均匀，涂层覆盖之处无饼干基片露出或线条、图案基本一致。粘花饼干应在饼干基片表面粘有糖花，并且较为端正，糖花清晰，大小基本均匀。喷洒调味料的饼干，其表面的调味料应较均匀	具有饼干基片及涂层或糖花应有的色泽，并且色泽基本均匀	具有品种应有的香味，无异味，饼干基片口感松脆或酥松。涂层和糖花无粗粒感，涂层润滑	饼干基片断面应具有其相应品种的结构，涂层和糖花组织均匀，无孔洞	—
水泡饼干	外形完整，块形大致均匀，不得起泡，不得有皱纹、粘连痕迹及明显的豁口	呈浅黄色、金黄色或品种应有的颜色，色泽基本均匀，表面有光泽，不应有过焦、过白的现象	味略甜，具有浓郁的蛋香味或品种应有的香味，无异味，口感脆、疏松	断面组织微细、均匀，无孔洞	正常视力无可见外来异物

表 2-3 糕点感官要求

项目	形态	表面色泽	滋味与口感	组织	其他
烘烤类	外形整齐，底部平整，无霉变，无变形，具有该品种应有的形态特征	表面色泽均匀，具有该品种应有的色泽特征	无不规则大空洞。无糖粒，无粉块。带馅类饼皮厚薄均匀，皮馅比例适当，馅料分布均匀，馅料细腻，具有该品种应有的组织特征	味醇正，无异味，具有该品种应有的风味和口感特征	无可见杂质
油炸类	外形整齐，表面油润，挂浆类除特殊要求外不应返砂，炸酥类层次分明，具有该品种应有的形态特征	颜色均匀，挂浆类有光泽，具有该品种应有的色泽特征	组织疏松，无糖粒，不干心，不夹生，具有该品种应有的组织特征	味醇正，无异味，具有该品种应有的风味和口感特征	无可见杂质
水蒸类	外形整齐，表面细腻，具有该品种应有的形态特征	颜色均匀，具有该品种应有的色泽特征	粉质细腻，粉油均匀，不粘，不松散，不掉渣，无糖粒，无粉块，组织松软，有弹性，具有该品种应有的组织特征	味醇正，无异味，具有该品种应有的风味和口感特征	正常视力无可见杂质
熟粉类	外形整齐，具有该品种应有的形态特征	颜色均匀，具有该品种应有的色泽特征	粉料细腻，紧密不松散，粘结是以不粘片为标准，具有该品种应有的组织特征	味醇正，无异味，具有该品种应有的风味和口感特征	无可见杂质
冷加工类和其他类	具有该品种应有的形态特征	具有该品种应有的色泽的特征	具有该品种应有的组织特征	味醇正，无异味，具有该品种应有的风味和口感特征	无可见杂质

120

5. 结果汇总

1）每轮检测结束后，检测员将原始记录交感官检测室组长，由组长汇总、统计检测结果。

2）如检测员检测结果有分歧，并且经过小组讨论未能形成统一意见，则按占检测员人数80%及以上的意见进行判定。

3）如检测结果分歧较多，难以形成统一意见，由感官检测室组长组织另一批感官检测员进行检测，将两轮检测结果合并统计，按占检测员人数70%及以上的意见进行判定。

4）如两次检测结果合并后，仍未能达到70%及以上的意见相一致，则本次检测无效。感官检测室组长应组织全部检测人员对问题进行分析，并且重新培训，以保证所有感官检测员对所评价的产品的特性、评价标准、评价方法等有一致的认识，降低感官检测员及感官评价结果之间的偏差。

项目二　焙烤食品理化指标的检验

　　食品的理化指标即食品的物理和化学指标，物理包括比重、折射率、净含量等；化学指标包括蛋白质含量、脂肪含量等。

任务一　焙烤食品中水分的测定

< 难度指标 > ★★

 学习目标

1. 知识目标

（1）熟练掌握焙烤食品中水分测定的原理。

（2）掌握减压干燥法与直接干燥法的区别与联系。

2. 能力目标

（1）掌握电热恒温干燥箱的使用方法和注意事项。

（2）掌握干燥器的使用方法及干燥剂干燥方法。

3. 情感态度价值观目标

（1）通过对水分测定的了解，激发和保持对食品检测技术的求知欲，形成积极主动地学习和使用食品检测技术、参与到检测活动的态度。

（2）能正确地认识食品检测对社会发展和日常生活的重要性。

（3）能理解并遵守与食品检测相关的职业道德，负责任地、安全地进行检测工作。

 任务描述

　　对任意一个焙烤食品样品，按标准方法要求对样品进行预处理、称量、干燥至恒重 [参照《食品安全国家标准　食品中水分的测定》（GB 5009.3—2010）第一法直接干燥法]，测定水分的含量。

 任务分解

　　焙烤食品中水分测定流程如图 2-2 所示。

图 2-2　焙烤食品中水分测定流程

知识储备

水分是食品天然成分，通常虽不看作营养素，但它是动植物体内不可缺少的重要成分，具有十分重要的生理意义。食品中水分含量的多少，直接影响食品的感官性状，影响胶体状态的形成和稳定。控制食品水分的含量，可防止食品的变质和营养成分的水解。因此，了解食品水分的含量，能掌握食品的基础数据，同时，增加了其他测定项目数据的可比性。测定食品中水分含量的方法有直接干燥法、减压干燥法、红外线干燥法和蒸馏法及微波炉法等。

 实验实施

1. 实验准备

1）分析天平：感量为 0.000 1 g。

2）电热恒温干燥箱。

3）干燥器：内附有效干燥剂。

4）扁形铝制或玻璃制称量瓶。

2. 实验步骤

（1）样品预处理

将混合均匀的试样迅速磨细，不易研磨的样品应尽可能切碎。

（2）测定

1）取洁净铝制或玻璃制的扁形称量瓶，置于 101 ~ 105 ℃ 干燥箱中，瓶盖斜支于瓶边，加热 1 h，取出盖好，置干燥器内冷却 0.5 h，称量，并且重复干燥至恒重。

2）称取 2 ~ 10 g 试样，放入此称量瓶中，试样厚度不超过 5 mm，如为疏松试样，厚度不超过 10 mm，加盖，精密称量后，置 101 ~ 105 ℃ 干燥箱中，瓶盖斜支于瓶边。干燥 2 ~ 4 h 后，盖好取出，放入干燥器内冷却 0.5 h 后称量。

3）然后再放入 101 ~ 105 ℃ 干燥箱中干燥 1 h 左右，取出，放入干燥器内冷却 0.5 h 后再称量。重复以上操作至恒重（前后两次质量差不超过 2 mg）。两次恒重值在最后计算中，取最后一次的称量值。

3. 结果计算

试样中的水分的含量按式(2-1)进行计算：

$$X = \frac{m_1 - m_2}{m_1 - m_3} \times 100 \tag{2-1}$$

式中　X——试样中水分的含量(g/100 g)；

　　m_1——称量瓶和试样的质量(g)；

　　m_2——称量瓶和试样干燥后的质量(g)；

　　m_3——称量瓶的质量(g)。

水分含量大于或等于 1 g/100 g 时，计算结果保留 3 位有效数字；水分含量小于 1 g/100 g 时，计算结果保留 2 位有效数字。

在重复性条件下获得的两次独立测定结果的绝对差值不得超过算术平均值的 5%。

知识拓展

减压干燥法介绍如下：

1. 适用范围

减压干燥法适用于糖、味精等易分解的食品中水分的测定，不适用于添加了其他原料的糖果，如奶糖、软糖等试样的测定，同时该法不适用于水分含量小于 0.5 g/100 g 的样品。

2. 原理

利用食品中水分的物理性质，在达到 40~53 kPa 压力后加热至 60 ℃±5 ℃，采用减压烘干方法去除试样中的水分，再通过烘干前后的称量数值计算出水分的含量。

3. 实验准备

1）天平：感量 0.000 1 g。

2）真空干燥箱。

3）扁形铝制或玻璃制称量瓶。

4）干燥器：内附有效干燥剂。

4. 实验步骤

1）粉末和结晶试样直接称取；较大块颗粒经研钵粉碎，混匀备用。

2）取已恒重的称量瓶称取 2~10 g 试样，放入真空干燥箱内，将真空干燥箱连接真空泵，抽出真空干燥箱内空气（所需压力一般为 40~53 kPa），并且同时加热至所需温度 60 ℃±5 ℃。关闭真空泵上的活塞，停止抽气，使真空干燥箱内保持一定的温度和压力，经 4 h 后，打开活塞，使空气经干燥装置缓缓通入至真空干燥箱内，待压力恢复正常后再打开。

3）取出称量瓶，放入干燥器中 0.5 h 后称量，并且重复以上操作至前后两次质量差不超过 2 mg，即为恒重。

5. 结果计算

计算见式(2-1)。

在重复性条件下获得的两次独立测定结果的绝对差值不得超过算术平均值的 10%。

任务二　焙烤食品中灰分的测定

<难度指标> ★★

学习目标

1. 知识目标

（1）熟练掌握焙烤食品中灰分测定的原理。

（2）掌握炭化与灰化的区别与联系。

2. 能力目标

（1）掌握马弗炉的使用方法和注意事项。

（2）掌握干燥器的使用方法及清洗方法。

3. 情感态度价值观目标

（1）通过对灰分测定的了解，激发和保持对食品检测技术的求知欲，形成积极主动地学习和使用食品检测技术、参与到检测活动的态度。

（2）能正确地认识食品检测对社会发展和日常生活的重要性。

（3）能理解并遵守与食品检测相关的职业道德，负责任地、安全地进行检测工作。

任务描述

对任意一个焙烤食品样品，按标准方法要求对样品进行预处理、称量、灰化至恒重［参照《食品安全国家标准　食品中灰分的测定》（GB 5009.4—2010）］，测定灰分的含量。

任务分解

焙烤食品中灰分测定流程如图 2-3 所示。

图 2-3　焙烤食品中灰分测定流程

知识储备

食品中除含有大量有机物质外，还含有丰富的无机成分，这些无机成分在维持人体的正常生理及构成人体组织方面有着十分重要的作用。食品经高温灼烧后所残留的无机物质称为灰分。灰分主要为食品中的矿物盐或无机盐类。测定食品灰分是评价食品质量的指标之一。通常测定的灰分称为总灰分，其中包括水溶性灰分和水不溶性灰分，以及酸溶性灰分和酸不溶性灰分。

灰分的测定方法：在空气中使有机物灼烧灰化，在灼烧过程中，有机物中的碳、氢、氮等物质与氧结合成二氧化碳、水蒸气、氮氧化物而挥发，残留的无色或灰白色的氧化物即为灰分。

实验实施

1. 实验准备

（1）仪器与设备

1）天平：感量 0.000 1 g。

2）马弗炉：温度大于或等于 600 ℃。

3）石英坩埚或瓷坩埚。

4）干燥器：内有干燥剂。

5）电热板或电炉。

6）水浴锅。

（2）试剂与药品

1）乙酸镁溶液（80 g/L）：称取 8.0 g 乙酸镁（分析纯）加水溶解并定容至 100 mL，混匀。

2）乙酸镁溶液（240 g/L）：称取 24.0 g 乙酸镁（分析纯）加水溶解并定容至 100 mL，混匀。

2. 实验步骤

（1）样品预处理

1）称样：灰分大于 10 g/100 g 的试样称取 2~3 g；灰分小于 10 g/100 g 的试样称取3~10 g。

2）一般食品液体和半固体试样应先在沸水浴上蒸干。固体或蒸干后的试样，先在电热板或电炉上以小火加热使试样充分炭化至无烟。

3）含磷量较高的豆类及其制品、肉禽制品、蛋制品、水产品、乳及乳制品，称取试样后，加入 1.0 mL 乙酸镁溶液（80 g/L）或 3.0 mL 乙酸镁溶液（240 g/L），使试样完全润湿。放置 10 min 后，在水浴上将水分蒸干，在电热板或电炉上以小火加热使试样充分炭化至无烟。吸取 3 份 1.0 mL 乙酸镁溶液（80 g/L）或 3.0 mL 乙酸镁溶液（240 g/L），做 3 次试剂空白实验。当 3 次实验结果的标准偏差小于 0.003 g 时，取算术平均值作为空白值。若标准偏差超过 0.003 g 时，应重新做空白值实验。

（2）测定

1）坩埚的灼烧：取大小适宜的石英坩埚或瓷坩埚置马弗炉中，在 550 ℃ ±25 ℃下灼烧 0.5 h，冷却至 200 ℃左右，取出，放入干燥器中冷却 30 min，准确称量。重复灼烧至前后两次称量相差不超过 0.5 mg 为恒重。

2）将炭化后的样品置于马弗炉中，在 550 ℃ ±25 ℃灼烧 4 h。冷却至 200 ℃左右，取出，放入干燥器中冷却 30 min，称量前如发现灼烧残渣有炭粒时，应向试样中滴入少许水湿润，使结块松散，蒸干水分再次灼烧至无炭粒即表示灰化完全，方可称量。重复灼烧至前后两次称量相差不超过 0.5 mg 为恒重。按式（2-2）计算。

3）含磷量较高的样品，按式（2-3）计算。

3. 结果计算

试样中灰分按式（2-2）、式（2-3）计算。

$$X_1 = \frac{m_1 - m_2}{m_3 - m_2} \times 100 \tag{2-2}$$

$$X_2 = \frac{m_1 - m_2 - m_0}{m_3 - m_2} \times 100 \tag{2-3}$$

式中　X_1（测定时未加乙酸镁溶液）——试样中灰分的含量（g/100 g）；

　　　X_2（测定时加入乙酸镁溶液）——试样中灰分的含量（g/100 g）；

　　　m_0——氧化镁（乙酸镁灼烧后生成物）的质量（g）；

　　　m_1——坩埚和灰分的质量（g）；

　　　m_2——坩埚的质量（g）；

m_3——坩埚和试样的质量(g)。

试样中灰分含量大于或等于 10 g/100 g 时，保留 3 位有效数字；试样中灰分含量小于 10 g/100 g 时，保留 2 位有效数字。

在重复性条件下获得的两次独立测定结果的绝对值不得超过算术平均值的 5%。

<h2 align="center">任务三　焙烤食品中蛋白质的测定</h2>

<难度指标> ★★★

 ## 学习目标

1. 知识目标

(1) 熟练掌握焙烤食品中蛋白质测定的原理。

(2) 理解换算系数的概念。

2. 能力目标

(1) 掌握定氮蒸馏装置的使用方法和注意事项。

(2) 掌握酸碱滴定的基本步骤及终点判定。

3. 情感态度价值观目标

(1) 通过对蛋白质测定的了解，激发和保持对食品检测技术的求知欲，形成积极主动地学习和使用食品检测技术、参与到检测活动的态度。

(2) 能正确地认识食品检测对社会发展和日常生活的重要性。

(3) 能理解并遵守与食品检测相关的职业道德，负责任地、安全地进行检测工作。

 ## 任务描述

对任意一个焙烤食品样品，按标准方法要求对样品进行预处理、称量、消化、蒸馏、滴定[参照《食品安全国家标准　食品中蛋白质的测定》(GB 5009.5—2010)]，测定蛋白质的含量。

 ## 任务分解

焙烤食品中蛋白质测定流程如图2-4所示。

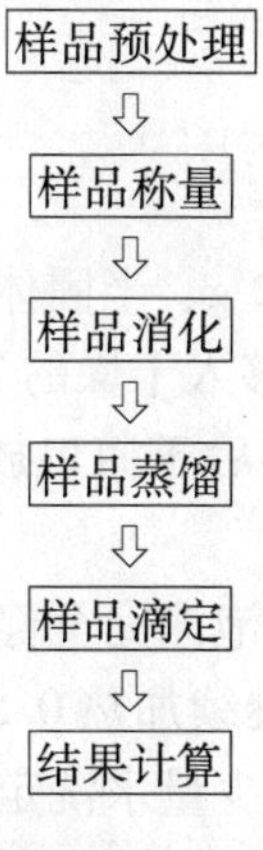

样品预处理
⇩
样品称量
⇩
样品消化
⇩
样品蒸馏
⇩
样品滴定
⇩
结果计算

图 2-4　焙烤食品中蛋白质测定流程

127

知识储备

蛋白质是生命的物质基础，是构成人体及动植物细胞组织的重要成分之一。蛋白质在体内有构成新生组织、修补组织及制造体内氧化还原所必需的酶等生命基础物质的用途及作用。食品中蛋白质含量的多少，不仅表示食品的质量，而且也关系着人体的健康。因此，其中的蛋白质含量有一定规定。

食品中的蛋白质在催化加热条件下被分解，产生的氨与硫酸结合生成硫酸铵。碱化蒸馏使氨游离，用硼酸吸收后以盐酸标准滴定溶液滴定，根据酸的消耗量乘以换算系数，即为蛋白质的含量。

实验实施

1. 实验准备

（1）仪器与设备

1）天平：感量 0.000 1 g。

2）定氮蒸馏装置。

3）容量瓶：100 mL。

（2）试剂与药品

1）硫酸铜（$CuSO_4 \cdot 5H_2O$）。

2）硫酸钾（K_2SO_4）。

3）硫酸（H_2SO_4）：密度为 1.84 g/L。

4）硼酸溶液（20 g/L）：称取 20 g 硼酸，加水溶解后并稀释至 1 000 mL。

5）氢氧化钠溶液（400 g/L）：称取 40 g 氢氧化钠，加水溶解，放冷，稀释至 100 mL。

6）盐酸标准滴定溶液：0.050 0 mol/L。

7）甲基红乙醇溶液（1 g/L）：称取 0.1 g 甲基红，溶于 95% 乙醇，用 95% 乙醇稀释至 100 mL。

8）溴甲酚绿乙醇溶液（1 g/L）：称取 0.1 g 溴甲酚绿，溶于 95% 乙醇，用 95% 乙醇稀释至 100 mL。

9）混合指示液：1 份甲基红乙醇溶液（1 g/L）与 5 份溴甲酚绿乙醇溶液（1 g/L）临用时混合。

2. 实验步骤

（1）样品预处理

1）称取充分混匀的固体试样 0.2 ~ 2 g、半固体试样 2 ~ 5 g 或液体试样 10 ~ 25 g（约相当于 30 ~ 40 mg 氮），精确至 0.001 g，移入干燥的 250 mL 或 500 mL 定氮瓶中，加入 0.2 g 硫酸铜、6 g 硫酸钾及 20 mL 硫酸，轻摇后于瓶口放一小漏斗，将瓶以 45° 角斜支于有小孔的石棉网上。

2）小心加热，待内容物全部炭化，泡沫完全停止后，加强火力，并且保持瓶内液体微沸，至液体呈蓝绿色并澄清透明后，再继续加热 0.5 ~ 1 h。取下放冷，小心加入 20 mL 水。放冷后，移入 100 mL 容量瓶中，并且用少量水洗定氮瓶，洗液并入容量瓶中，再加水至刻度，混匀备用。同时做试剂空白实验。

（2）测定

1）装好定氮蒸馏装置，向水蒸气发生器内装水至 2/3 处，加入数粒玻璃珠，加甲基红乙醇溶液数滴及数毫升硫酸，以保持水呈酸性，加热煮沸水蒸气发生器内的水并保持沸腾。

2）向接收瓶内加入 10.0 mL 硼酸溶液及 1~2 滴混合指示液，并且使冷凝管的下端插入液面下，根据试样中氮含量，准确吸取 2.0~10.0 mL 试样处理液由小玻杯注入反应室，以 10 mL 水洗涤小玻杯并使之流入反应室内，随后塞紧棒状玻塞。将 10.0 mL 氢氧化钠溶液倒入小玻杯，提起玻塞使其缓缓流入反应室，立即将玻塞盖紧，并且加水于小玻杯以防漏气。夹紧螺旋夹，开始蒸馏。

3）蒸馏 10 min 后移动蒸馏液接收瓶，液面离开冷凝管下端，再蒸馏 1 min。然后用少量水冲洗冷凝管下端外部，取下蒸馏液接收瓶。以盐酸标准滴定溶液滴定至终点，混合指示剂，颜色由绿色变成酒红色，pH 5.1。同时作试剂空白实验。

3. 结果计算

$$X = \frac{(V_1 - V_2) \times c \times 0.014\,0}{m \times V_3/100} \times F \times 100$$

式中　X——试样中蛋白质的含量（g/100 g）；

　　　　V_1——试液消耗盐酸标准滴定液的体积（mL）；

　　　　V_2——试剂空白消耗盐酸标准滴定液的体积（mL）；

　　　　V_3——吸取消化液的体积（mL）；

　　　　c——盐酸标准滴定溶液浓度（mol/L）；

0.014 0——盐酸[$c(HCl) = 1.000\,0$ mol/L]标准滴定溶液相当的氮的质量（g）；

　　　　m——试样的质量（g）；

　　　　F——氮换算为蛋白质的系数。一般食物为 6.25；纯乳与纯乳制品为 6.38；小麦粉为 5.71；玉米、高粱为 6.24；花生为 5.46；大米为 5.95；大豆及其粗加工制品为 5.71；大豆蛋白制品为 6.25；肉与肉制品为 6.25；大麦、小米、燕麦、裸麦为 5.83；芝麻、向日葵为 5.30；复合配方食品为 6.25。

以重复性条件下获得的两次测定结果的算术平均值表示。蛋白质含量大于或等于 1 g/100 g 时，结果保留 3 位有效数字；蛋白质含量小于 1 g/100 g 时，结果保留 2 位有效数字。

精密度：在重复性条件下获得的两次独立测定结果的差值不得超过算术平均值的 10%。

任务四　焙烤食品中粗脂肪的测定

＜难度指标＞ ★★★

 学习目标

1. 知识目标

（1）熟练掌握焙烤食品中粗脂肪测定的原理。

（2）理解酸水解法的概念及注意事项。

2. 能力目标

（1）熟练掌握焙烤食品中粗脂肪测定的步骤。

（2）掌握酸水解法的计算方法。

3. 情感态度价值观目标

（1）通过对粗脂肪测定的了解，激发和保持对食品检测技术的求知欲，形成积极主动地学习和使用食品检测技术、参与到检测活动的态度。

（2）能正确地认识食品检测对社会发展和日常生活的重要性。

（3）能理解并遵守与食品检测相关的职业道德，负责任地、安全地进行检测工作。

 任务描述

对任意一个焙烤食品样品，按标准方法要求对样品进行预处理、称量、酸水解、抽提、烘干、恒重［参照《食品中脂肪的测定》（GB/T 5009.6—2003）第二法酸水解法］，测定脂肪的含量。

 任务分解

焙烤食品中粗脂肪的测定流程如图 2-5 所示。

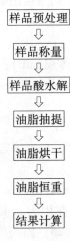

图 2-5　焙烤食品中粗脂肪的测定流程

 知识储备

食品中的脂肪是重要的营养成分之一。脂肪是人体组织细胞的一个重要成分，是一种富含热能的营养素，也是脂溶性维生素的良好溶剂，有助于脂溶性维生素的吸收。脂肪与蛋白质结合生成的脂蛋白，在调节人体生理机能、完成生化反应方面具有重要的作用。因此，各种食品中脂肪的含量是重要的质量指标之一，食品中的脂肪有两种存在形式，即游离脂肪和结合脂肪。测定食品脂肪含量的方法有索氏提取法、酸水解法、皂化法等。

酸水解法测定的为游离及结合脂肪的总量。试样经酸水解后用乙醚提取，除去溶剂即得总脂肪含量。

 实验实施

1. 实验准备

（1）仪器与设备

1）天平：感量 0.000 1 g。

2）干燥箱。

3）具塞刻度量筒：100 mL。

4）试管：50 mL。

5）玻璃棒。

6）锥形瓶。

（2）试剂与药品

1）盐酸。

2）乙醇：95%。

3）乙醚。

4）石油醚：沸程 30～60 ℃。

2. 实验步骤

（1）样品预处理

1）固体试样：称取约 2.00 g 按索氏抽提法固体试样制备的试样于 50 mL 大试管内，加 8 mL 水，混匀后再加 10 mL 盐酸。

2）液体试样：称取 10.00 g，置于 50 mL 大试管内，加 10 mL 盐酸。

（2）测定

1）将试管放入 70～80 ℃ 水浴中，每隔 5～10 min 以玻璃棒搅拌一次，至试样消化完全为止，40～50 min。取出试管，加入 10 mL 乙醇，混合。冷却后将混合物移入 100 mL 具塞量筒中，以 25 mL 乙醚分次洗试管，一并倒入量筒中。待乙醚全部倒入量筒后，加塞振 1 min，小心开塞，放出气体，再塞好，静置 12 min，再小心开塞，并且用石油醚-乙醚等量混合液冲洗塞及筒口附着的脂肪。静置 10～20 min，待上部液体清晰，吸出上清液于已恒量的锥形瓶内，再加 5 mL 乙醚于具塞量筒内，振摇，静置后，仍将上层乙醚吸出，放入原锥形瓶内。

2）将锥形瓶置水浴上蒸干，置 100 ℃ ±5 ℃ 干燥箱中干燥 2 h，取出放入干燥器内冷却 0.5 h 后称量，重复以上操作，直至前后两次质量不超过 2 mg，即为恒量。

3. 结果计算

$$X = \frac{m_1 - m_0}{m_2} \times 100$$

式中　X——试样中粗脂肪的含量(g/100 g)；

　　m_1——锥形瓶和粗脂肪的质量(g)；

　　m_0——锥形瓶的质量(g)；

　　m_2——试样的质量(如是测定水分后的试样,则按测定水分前的质量计)(g)。

计算结果表示到小数点后 1 位。

在重复性条件下获得的两次独立测定结果的绝对值不得超过算术平均值的 10%。

 知识拓展

索氏抽提法介绍如下：

1. 原理

试样用石油醚等溶剂抽提后，蒸去溶剂所得的物质，称为粗脂肪。因为除脂肪外，所得物质还含色素及挥发油、蜡、树脂等物。抽提法所测得的脂肪为游离脂肪。

2. 仪器和试剂

1）石油醚：沸程 30~60 ℃

2）海砂：取用水洗去泥土的海砂或河砂，先用盐酸（1+1，体积比）煮沸 0.5 h，用水洗至中性，再用氢氧化钠溶液（240 g/L）煮沸 0.5 h，用水洗至中性，经 100 ℃ ±5 ℃ 干燥备用。

3）天平：感量 0.000 1 g

4）索氏提取器。

3. 实验步骤

1）固体试样：谷物或干燥制品用粉碎机粉碎过 40 目筛；肉用绞肉机绞两次；一般用组织捣碎机捣碎后，称取 2.00~5.00 g（可取测定水分后的试样），必要时拌以海砂，全部移入滤纸筒内。

2）液体或半固体试样：称取 5.00~10.00 g，置于蒸发皿中，加入约 20 g 海砂与沸水浴上蒸干后，在 100 ℃ ±5 ℃ 干燥，研细，全部移入滤纸筒内。蒸发皿及附有试样的玻璃棒，均用沾有石油醚的脱脂棉擦净，并且将棉花放入滤纸筒内。

3）将滤纸筒放入脂肪抽提器的抽提筒内，连接已干燥至恒量的接收瓶，由抽提器冷凝管上端加入无水乙醚或石油醚至瓶内容积的三分之二处，与水浴上加热，使乙醚或石油醚不断回流提取（6~8 次/h），抽提 6~12 h。

4）取下接收瓶，回收石油醚，待接收瓶内石油醚剩 1~2 mL 时置水浴上蒸干，再于 100 ℃ ±5 ℃ 干燥 2 h，放干燥器内冷却 0.5 h 后称量，重复以上操作，直至前后两次质量不超过 2 mg，即为恒量。

试样中脂肪的含量按式（2-4）计算。

$$X = \frac{m_1 - m_0}{m_2} \times 100 \tag{2-4}$$

式中　X——试样中粗脂肪的含量（g/100 g）；

　　m_1——接收瓶和粗脂肪的质量（g）；

　　m_0——接收瓶的质量（g）；

　　m_2——试样的质量（是测定水分后的试样，则按测定水分前的质量计）（g）。

计算结果表示到小数点后 1 位。

在重复性条件下获得的两次独立测定结果的绝对值不得超过算术平均值的 10%。

任务五　焙烤食品中总糖的测定

<难度指标> ★★

 学习目标

1. 知识目标

（1）掌握焙烤食品中总糖测定的原理。

（2）理解费林氏容量法的原理及注意事项。

2. 能力目标

（1）掌握焙烤食品中总糖的测定方法。

（2）掌握费林试剂的配制方法。

3. 情感态度价值观目标

（1）通过对总糖测定的了解，激发和保持对食品检测技术的求知欲，形成积极主动地学习和使用食品检测技术、参与到检测活动的态度。

（2）能正确地认识食品检测对社会发展和日常生活的重要性。

（3）能理解并遵守与食品检测相关的职业道德，负责任地、安全地进行检测工作。

任务描述

对任意一个焙烤食品样品，按标准方法要求对样品进行预处理、称量、水解、滴定［参照《糕点通则》(GB/T 20977—2007)］，测定总糖的含量。

任务分解

焙烤食品中总糖的测定流程如图 2-6 所示。

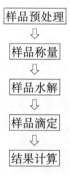

图 2-6 焙烤食品中总糖的测定流程

知识储备

总糖主要是指具有还原性的葡萄糖、果糖、戊糖、乳糖和在测定条件下能水解为还原性单糖的蔗糖（水解后为 1 分子葡萄糖和 1 分子果糖）、麦芽糖（水解后为 2 分子葡萄糖）及可能部分水解的淀粉（水解后为 2 分子葡萄糖）。还原糖类之所以具有还原性是由于分子中含有游离的醛基(—CHO)或酮基(—C=O)。测定总糖的经典化学方法都是以其能被各种试剂氧化为基础的。这些方法中，以各种根据费林氏溶液的氧化作用的改进法的应用范围最广。总糖的测定方法包括铁氰化钾法、蒽铜比色法、费林氏容量法。费林氏容量法由于反应复杂，影响因素较多，所以不如铁氰化钾法准确，但其操作简单迅速，试剂稳定，故被广泛采用。蒽铜比色法要求比色时糖液浓度在一定范围内，但要求检测液澄清，此外，在大多数情况下，测定要求不包括淀粉和糊精，这就要在测定前将淀粉和糊精去掉，这样就使操作复杂化，限制了其广泛应用。

费林氏容量法的原理：费林溶液甲、乙液混合时，生成的酒石酸钾钠铜被还原性的单糖还原，生成红色的氧化亚铜沉淀。达到终点时，稍微过量的还原性单糖将次甲基蓝染色体还原为无色的隐色体而显出氧化亚铜的鲜红色。

 实验实施

1. 实验准备

（1）仪器与设备

1）天平：感量 0.000 1 g。

2）电炉或加热板。

3）碱式滴定管：25 mL。

4）烧杯：100 mL。

5）快速滤纸。

6）容量瓶：250 mL。

（2）试剂与药品

1）费林溶液甲液：称取 69.3 g 硫酸铜，加水溶解，稀释至 1 000 mL。

2）费林溶液乙液：称取 346 g 酒石酸钾钠、100 g 氢氧化钠，加水溶解，稀释至 1 000 mL。

3）1% 次甲基蓝指示剂：称取 1.0 g 次甲基蓝，溶于 95% 乙醇，用 95% 乙醇稀释至 100 mL。

4）20% 氢氧化钠溶液。

5）盐酸：6 mol/L。

6）亚铁氰化钾溶液：称取 106 g 亚铁氰化钾，用水溶解，并且稀释至 1 000 mL。

7）乙酸锌溶液：称取 220 g 乙酸锌，先加 30 mL 冰乙酸溶解，用水稀释至 1 000 mL。

8）酚酞指示液：称取 1.0 g 酚酞，溶于 95% 乙醇，用 95% 乙醇稀释至 100 mL。

9）葡萄糖标准溶液：在分析天平上精确称取经烘干冷却的分析纯葡萄糖 0.400 0 g，用水溶解并转入 250 mL 容量瓶中，加水至刻度，摇匀备用。

10）费林溶液的标定：准确吸取费林溶液甲、乙液各 2.5 mL，放入 150 mL 三角烧瓶中，加水 20 mL。置电炉上加热至沸，用配好的葡萄糖溶液滴定至溶液变红色时，加入次甲基蓝指示剂 1 滴，继续滴定至蓝色消失显鲜红色为终点。正式滴定时，先加入比预试时少 0.5 ~ 1 mL 的葡萄糖溶液，置电炉上煮沸 2 min，加次甲基蓝指示剂 1 滴，继续用葡萄糖溶液滴定至终点。按式(2-5)计算。

$$A = \frac{mV}{250} \tag{2-5}$$

式中　A——5 mL 费林溶液甲、乙液相当于葡萄糖的质量(g)；

　　　m——葡萄糖的质量(g)；

　　　V——滴定时消耗葡萄糖溶液的体积(mL)。

2. 实验步骤

（1）样品预处理

准确称量处理好的样品，一般样品称取 1.5 ~ 2.5 g，无糖类样品称取 9.0 ~ 11.0 g，放入 100 mL 烧杯中，用 50 mL 水浸泡 30 min（浸泡时多次搅拌）。浸泡后的试样溶液直接用快速滤纸过滤(或加入 5 mL 亚铁氰化钾和 5 mL 乙酸锌作为沉淀剂)。

（2）测定

在滤液中加 6 mol/L 盐酸 10 mL，置 70 ℃ 水浴中水解 10 min。取出迅速冷却后加酚酞指示剂 1 滴，用 20% 氢氧化钠溶液中和至溶液呈微红色，转入 250 mL 容量瓶，加水至刻度，摇匀备用。用标定费林溶液的方法，测定样品中总糖。

3. 结果计算

$$X = \frac{A \times 250}{m \times V/250} \times 100$$

式中　A——5 mL 费林溶液甲、乙液相当于葡萄糖的质量(g)；

　　　m——样品的质量(g)；

　　　V——滴定时消耗葡萄糖溶液的体积(mL)。

总糖含量以转化糖计(%)，计算结果保留到小数点后 1 位。

在重复性条件下获得的两次独立测定结果的绝对差值不得超过算术平均值的 10%。

<h2 style="text-align:center">任务六　焙烤食品酸价的测定</h2>

<难度指标> ★★

 学习目标

1. 知识目标

（1）熟练掌握焙烤食品中酸价测定的原理。

（2）理解酸碱滴定的原理及注意事项。

2. 能力目标

（1）掌握焙烤食品中酸价测定的实验操作。

（2）熟练掌握酸碱滴定及滴定终点判定。

3. 情感态度价值观目标

（1）通过对酸价测定的了解，激发和保持对食品检测技术的求知欲，形成积极主动地学习和使用食品检测技术、参与到检测活动的态度。

（2）能正确地认识食品检测对社会发展和日常生活的重要性。

（3）能理解并遵守与食品检测相关的职业道德，负责任地、安全地进行检测工作。

 任务描述

对任意一个焙烤食品样品，按标准方法要求对样品进行预处理、油脂提取、称量、滴定[参照《食用植物油卫生标准的分析方法》(GB/T 5009.37—2003)]，测定酸价。

135

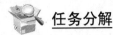 **任务分解**

焙烤食品酸价的测定流程如图 2-7 所示。

图 2-7　焙烤食品酸价的测定流程

 知识储备

酸价是指中和 1 g 油脂中游离脂肪酸所需的氢氧化钾的毫克数。

酸价是脂肪中游离脂肪酸含量的标志，脂肪在长期保藏过程中，由于微生物、酶和热的作用发生缓慢水解，产生游离脂肪酸。而脂肪的质量与其中游离脂肪酸的含量有关。一般常用酸价作为衡量标准之一。在脂肪生产的条件下，酸价可作为水解程度的指标，在其保藏的条件下，则可作为酸败的指标。酸价越小，说明油脂质量越好，新鲜度和精炼程度越好。

酸价的大小不仅是衡量毛油和精油品质的一项重要指标，而且也是计算酸价炼耗比这项主要技术经济指标的依据。而毛油酸价则是炼油车间在碱炼操作过程中计算加碱量、碱液浓度的依据。

在一般情况下，酸价和过氧化值略有升高不会对人体的健康产生损害。但如果酸价过高，则会导致人体肠胃不适、腹泻并损害肝脏。

油脂酸价的大小与制取油脂的原料、油脂制取与加工的工艺、油脂的储运方法与储运条件等有关。例如，成熟油料种子较不成熟或正发芽、发霉的种子制取油脂的酸价要高。甘油三酯在制油过程受热或解脂酶的作用而分解产生游离脂肪酸，从而使油中酸价增加。油脂在储藏期间，由于水分、温度、光线、脂肪酶等因素的作用，被分解为游离脂肪酸。

 实验实施

1. 实验准备

（1）仪器与设备

1）天平：感量 0.001 g。

2）水浴锅。

3）锥形瓶：250 mL。

4）碱式滴定管。

（2）试剂与药品

1）石油醚：沸程 30 ~ 60 ℃。

2）乙醚-乙醇混合液：按乙醚-乙醇(2+1)体积混合。用氢氧化钠溶液(3 g/L)中和至酚酞指示液呈中性。每次使用前配制。

3）氢氧化钠标准滴定溶液：0.050 0 mol/L、0.100 0 mol/L。

4）酚酞指示液(10 g/L)：称取1.00 g酚酞，溶于适量95%乙醇中，并转移至100 mL容量瓶并定容。

2. 实验步骤

（1）样品预处理

含油脂较高的样品，如桃酥等，称取混合均匀的试样约50 g；含油脂中等的试样，如蛋糕、江米条等，称取混合均匀后的试样约100 g；含油脂较少的试样，如面包、饼干等，称取混合均匀后的试样250~300 g。置于80 mm×120 mm的锥形瓶中，加50 mL石油醚，放置过夜，用快速滤纸过滤后，减压回收溶剂，得到油脂供测定用。

（2）测定

称取3~5 g混匀的油试样(氢化油、人造奶油称取试样10 g)，置于250 mL锥形瓶中，加入50 mL中性乙醚-乙醇混合液，振摇使油完全溶解。不能完全溶解时可置热水中，温热促其溶解，冷却至室温。加入酚酞指示液2~3滴，以0.050 0 mol/L氢氧化钠标准滴定溶液滴定(氢化油、人造奶油用0.100 0 mol/L氢氧化钠标准滴定溶液滴定)，至初现微红色且0.5 min内不褪色为终点。

3. 结果计算

$$X = \frac{V \times c \times 56.11}{m}$$

式中　X——试样的酸价(以氢氧化钠计)(mg/g)；

　　　V——试样消耗氢氧化钠标准滴定溶液体积(mL)；

　　　c——氢氧化钠标准滴定的实际浓度(mol/L)；

　　　m——试样质量(g)；

56.11——与1.0 mL氢氧化钠标准滴定溶液相当的氢氧化钠毫克数。

计算结果保留2位有效数字。

在重复性条件下获得的两次独立测定结果的绝对差值不得超过算术平均值的10%。

任务七　焙烤食品过氧化值的测定

<难度指标> ★★

 学习目标

1. 知识目标

（1）掌握焙烤食品中过氧化值测定的原理。

（2）理解氧化还原滴定的原理及注意事项。

2. 能力目标

（1）掌握焙烤食品中过氧化值的测定方法。

（2）熟练掌握氧化还原滴定的方法及滴定终点判定。

（3）掌握淀粉指示剂的配制方法。

137

3. 情感态度价值观目标

（1）通过对过氧化值测定的了解，激发和保持对食品检测技术的求知欲，形成积极主动地学习和使用食品检测技术、参与到检测活动的态度。

（2）能正确地认识食品检测对社会发展和日常生活的重要性。

（3）能理解并遵守与食品检测相关的职业道德，负责任地、安全地进行检测工作。

任务描述

对任意一个焙烤食品样品，按标准方法要求对样品进行预处理、油脂提取、称量、滴定[参照《食用植物油卫生标准的分析方法》（GB/T 5009.37—2003）]，测定过氧化值的含量。

任务分解

焙烤食品过氧化值的测定流程如图 2-8 所示。

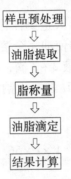

图 2-8　焙烤食品过氧化值的测定流程

知识储备

过氧化值是表示油脂被氧化的程度的一种指标，是 1 kg 样品中的活性氧含量，以过氧化物的毫摩尔数表示，用于说明样品是否因已被氧化而变质。

油脂氧化后生成过氧化物、醛、酮等，氧化能力较强，能将碘化钾氧化成游离碘，可用硫代硫酸钠来滴定。过氧化值是用于衡量油脂的酸败程度的，一般来说过氧化值越高其酸败就越厉害，因为油脂氧化酸败产生的一些小分子物质对人体产生不良的影响，如产生自由基，所以过氧化值太高的油对食用者的身体不好。

实验实施

1. 实验准备

（1）仪器与设备

1）天平：感量 0.001 g。

2）碘量瓶：250 mL。

3）酸式滴定管。

（2）试剂与药品

1）饱和碘化钾溶液：称取 14.00 g 碘化钾，加 10.0 mL 水溶解，必要时微热使其溶解，冷却后储于棕色瓶中。

2）三氯甲烷-冰乙酸混合液：量取 40 mL 三氯甲烷，加 60 mL 冰乙酸，混匀。使用前配制。

3）硫代硫酸钠标准滴定溶液：0.002 0 mol/L。

4）淀粉指示剂（10 g/L）：称取可溶性淀粉 0.50 g，加少许水，调成糊状，倒入 50 mL 沸水中调匀，煮沸。使用前配制。

2. 实验步骤

（1）样品预处理

含油脂较高的样品，如桃酥等，称取混合均匀的试样约 50 g；含油脂中等的试样，如蛋糕、江米条等，称取混合均匀后的试样约 100 g；含油脂较少的试样，如面包、饼干等，称取混合均匀后的试样约 250～300 g。置于 80 mm×120 mm 的标本瓶中，加 50 mL 石油醚，放置过夜，用快速滤纸过滤后，减压回收溶剂，得到油脂供测定用。

（2）测定

称取 2～3 g 混匀的试样，置于 250 mL 碘量瓶中，加 30 mL 三氯甲烷-冰乙酸混合液，使试样完全溶解。加入 1.00 mL 饱和碘化钾溶液，紧密塞好瓶盖，并轻轻振摇 0.5 min，然后在暗处放置 3 min。取出加 100 mL 水，摇匀，颜色为深黄色时立即用硫代硫酸钠标准滴定溶液滴定，至浅黄色时，加 1 mL 淀粉指示液（如颜色较浅时，可直接加 1 mL 淀粉指示液，滴定），继续滴定至蓝色消失为终点。取相同量三氯甲烷-冰乙酸溶液、碘化钾溶液、水，按同一方法，做试剂空白实验。

3. 结果计算

$$X_1 = \frac{(V_1 - V_2) \times c \times 0.126\ 9}{m} \times 100$$

$$X_2 = X_1 \times 78.8$$

式中　X_1——试样的过氧化值（g/100 g）；

　　　X_2——试样的过氧化值（meq/kg）；

　　　V_1——试样消耗硫代硫酸钠标准滴定溶液体积（mL）；

　　　V_2——试剂空白消耗硫代硫酸钠标准滴定溶液体积（mL）；

　　　c——硫代硫酸钠标准滴定溶液的浓度（mol/L）；

　　　m——试样质量（g）；

　0.126 9——与 1.00 mL 硫代硫酸钠标准滴定溶液 $[c(Na_2S_2O_3) = 1.000\ 0\ mol/L]$ 相当的碘的质量（g）；

　　78.8——换算因子。

计算结果保留 2 位有效数字。

在重复性条件下获得的两次独立测定结果的绝对差值不得超过算术平均值的 10%。

任务八　月饼中馅含量的测定

＜难度指标＞★

 学习目标

1. 知识目标

（1）掌握重量法的测定原理。

（2）理解月饼中馅含量对其品质的影响。

2. 能力目标

掌握月饼中馅含量的测定方法。

3. 情感态度价值观目标

（1）通过对月饼中馅含量测定的了解，激发和保持对食品检测技术的求知欲，形成积极主动地学习和使用食品检测技术、参与到检测活动的态度。

（2）能正确地认识食品检测对社会发展和日常生活的重要性。

（3）能理解并遵守与食品检测相关的职业道德，负责任地、安全地进行检测工作。

 任务描述

对任意一个月饼样品，按标准方法要求对样品进行称量、去皮、再称量［参照《月饼》（GB/T 19855—2005）］，测定月饼中的馅含量。

 任务分解

月饼中馅含量的测定流程如图 2-9 所示。

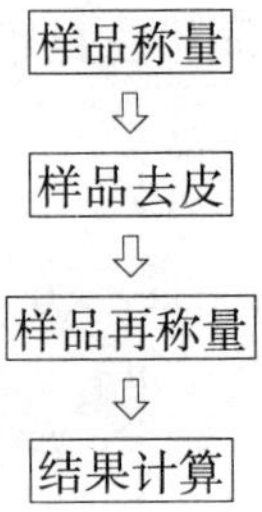

$$\boxed{\text{样品称量}}$$
$$\Downarrow$$
$$\boxed{\text{样品去皮}}$$
$$\Downarrow$$
$$\boxed{\text{样品再称量}}$$
$$\Downarrow$$
$$\boxed{\text{结果计算}}$$

图 2-9　月饼中馅含量的测定流程

 实验实施

1. 实验准备

1）天平：感量 0.01 g。

2）白瓷盘。

3）刮刀。

2. 测定

取样品 3 个，分别用天平称净重（M）后，用刮刀分离皮与馅，称取馅质量（m）。

3. 结果计算

$$X = \frac{m}{M} \times 100\%$$

式中　X——样品中的馅含量；

　　　m——样品中馅的质量（g）；

　　　M——样品的总质量（g）。

以 3 个样品平均值报告。计算结果保留至小数点后 1 位。

任务九 面包酸度的测定

<难度指标> ★★

 学习目标

1. 知识目标

（1）掌握面包酸度的测定原理。

（2）理解酸碱滴定的原理及注意事项。

2. 能力目标

（1）掌握面包酸度的测定方法。

（2）掌握碱式滴定管的使用方法及其注意事项。

（3）熟练掌握氢氧化钠标准溶液及酚酞指示剂的配制方法。

3. 情感态度价值观目标

（1）通过对面包酸度测定的了解，激发和保持对食品检测技术的求知欲，形成积极主动地学习和使用食品检测技术、参与到检测活动的态度。

（2）能正确地认识食品检测对社会发展和日常生活的重要性。

（3）能理解并遵守与食品检测相关的职业道德，负责任地、安全地进行检测工作。

141

 任务描述

对任意一个面包样品，按标准方法要求对样品进行预处理、样品滴定［参照《面包》（GB/T 20981—2007）］，测定酸度。

 任务分解

面包酸度的测定流程如图 2-10 所示。

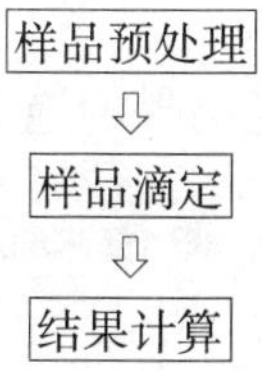

样品预处理
⇩
样品滴定
⇩
结果计算

图 2-10 面包酸度的测定流程

 知识储备

酸度指水中能与强碱发生中和作用的物质的总量，包括无机酸、有机酸、强酸弱碱盐等。酸度检测方法一般包括酸碱指示剂滴定法和电位滴定法。

 实验实施

1. 实验准备

（1）仪器与设备

1）天平：感量 0.001 g

2）碱式滴定管：25 mL。

3）容量瓶：250 mL。

4）快速滤纸。

5）锥形瓶：200 mL。

（2）试剂与药品

1）氢氧化钠标准溶液：0.100 0 mol/L。

2）酚酞指示液（1%）：称取酚酞 1.00 g，溶于 60 mL 乙醇（95%）中，用水稀释至 100 mL。

3）无二氧化碳的水。

2. 实验步骤

（1）样品预处理

称取面包心 25 g，加无二氧化碳的水 60 mL，充分溶解，移入 250 mL 容量瓶中，定容至刻度，摇匀。静置 10 min，用快速滤纸过滤。

（2）测定

取滤液 25 mL 移入 200 mL 锥形瓶中，加入酚酞指示液 2~8 滴，用氢氧化钠标准溶液滴定至微红色 30 s 不退色。记录耗用氢氧化钠标准溶液的体积，同时用 25 mL 水做空白实验。

3. 结果计算

$$T = \frac{c \times (V_1 - V_2)}{m} \times 1\,000$$

式中　T——酸度（°T）；

　　　c——氢氧化钠标准溶液的实际浓度（mol/L）；

　　　V_1——滴定试液时消耗氢氧化钠标准溶液的体积（mL）；

　　　V_2——空白实验消耗氢氧化钠标准溶液的体积（mL）；

　　　m——样品的质量（g）。

计算结果保留至小数点后 1 位。

在重复性条件下获得的两次独立测定结果的绝对差值，不得超过 0.1°T。

任务十　面包比容的测定

<难度指标>★

 学习目标

1. 知识目标

（1）掌握面包比容测定的原理。

（2）理解面包比容在评定面包质量中的作用。

2. 能力目标

掌握面包中比容测定的方法。

3. 情感态度价值观目标

（1）通过对面包比容测定的了解，激发和保持对食品检测技术的求知欲，形成积极主动地学习和使用食品检测技术、参与到检测活动的态度。

（2）能正确地认识食品检测对社会发展和日常生活的重要性。

（3）能理解并遵守与食品检测相关的职业道德，负责任地、安全地进行检测工作。

任务描述

对任意一个面包样品，按标准方法要求对样品进行样品称量、测定、计算［参照《面包》（GB/T 20981—2007）］，测定比容。

任务分解

面包比容的测定流程如图 2-11 所示。

图 2-11　面包比容的测定流程

知识储备

单位质量的物质所占有的容积称为比容，其数值是密度的倒数。面包比容指标反映的是面团体积膨胀程度及保持能力。比容直接影响到成品面包的外形、口感、组织。由此可见，比容指标是面包的重要质量指标之一，是生产企业控制质量的重点控制对象之一，也是生产企业及监督部门的常规检验指标。

143

实验实施

1. 实验准备

1）天平：感量 0.01 g。

2）容器：容积应不小于样品的体积。

3）填充剂：油菜籽或小米。

4）刻度直尺。

2. 实验步骤

1）取一个样品称量。将称量过的样品放入容器内，倒入足量的填充剂，完全覆盖样品并摇实填满。

2）刮平填充剂。取出面包，将填充剂倒入容器中，测量体积。容器体积减去填充剂体积为面包体积。

3. 结果计算

$$X = \frac{(h_1 - h_2) \times a \times b}{m}$$

式中　X——样品的比容（cm^3/g）；

　　　m——样品的质量（g）；

　　　h_1——放入样品时，容器内油菜籽上部的高度（cm）；

h_2——取出样品后，容器内油菜籽上部的高度(cm)；

　a——容器的长度(cm)；

　b——容器的宽度(cm)。

计算结果保留小数点后 1 位。

在重复性条件下获得的两次独立测定结果的绝对差值不应超过 0.1 cm³/g。

任务十一　饼干碱度的测定

<难度指标> ★★

 ## 学习目标

1. 知识目标

(1) 掌握饼干碱度的测定原理。

(2) 理解饼干碱度在评定饼干质量中的作用。

2. 能力目标

(1) 掌握饼干碱度的测定方法。

(2) 熟练掌握配制盐酸标准溶液和甲基橙指示液的方法。

3. 情感态度价值观目标

(1) 通过对饼干碱度测定的了解，激发和保持对食品检测技术的求知欲，形成积极主动地学习和使用食品检测技术、参与到检测活动的态度。

(2) 能正确地认识食品检测对社会发展和日常生活的重要性。

(3) 能理解并遵守与食品检测相关的职业道德，负责任地、安全地进行检测工作。

 ## 任务描述

对任意一个饼干样品，按标准方法要求对样品进行预处理、样品滴定［参照《饼干》(GB/T 20980—2007)］，测定碱度。

 ## 任务分解

饼干碱度测定流程如图 2-12 所示。

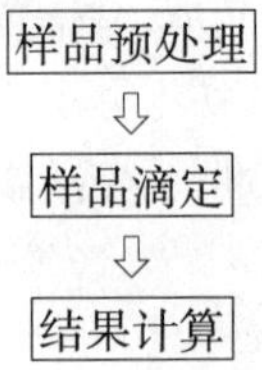

样品预处理
⇩
样品滴定
⇩
结果计算

图 2-12　饼干碱度测定流程

 ## 知识储备

甜饼干通常用 $NaHCO_3$ 为疏松剂。因该化合物在 270 ℃ 下能全部分解，其反应方程式为 $2NaHCO_3 \rightarrow Na_2CO_3 + CO_2 + H_2O$，其所产生的 CO_2 气体和水在高温焙烤下发生热膨胀，促使饼坯胀发，结果使制品内部组织获得疏松的多孔状结构。由于分解后残留物为Na_2CO_3，故往往使制品呈碱性。

 实验实施

1. 实验准备

（1）仪器与设备

1）微量滴定管：2 mL。

2）分析天平：感量0.000 1 g。

3）离心机。

4）烧杯：100 mL。

5）容量瓶：250 mL。

6）锥形瓶：250 mL。

（2）试剂与药品

1）盐酸标准滴定溶液：0.050 0 mol/L。

2）甲基橙指示液：称取0.10 g甲基橙，溶于70 ℃±5 ℃的水中，冷却，转移至100 mL容量瓶内，并且定容至刻度。

3）无二氧化碳的水。

2. 实验步骤

（1）样品预处理

1）称取10.00 g试样，置于100 mL烧杯中，用约80 ℃无二氧化碳的水将烧杯中的试样转移至250 mL容量瓶内（总体积约150 mL），置于沸水浴中煮沸30 min（振摇1次/10 min），取出，冷却至室温（约20 ℃），用无二氧化碳的水定容至250 mL。

2）将样液置于离心管内，于200 0 r/min，离心10 min，真空抽滤，收集滤液。

（2）测定

吸取试液50.00 mL（用50 mL单标线吸管），置于250 mL锥形瓶中，加入甲基橙指示液2滴，用盐酸标准溶液滴定至微红色出现，记录耗用盐酸标准溶液的体积。同时用水做空白实验。

3. 实验计算

$$X = \frac{c(V_1 - V_2) \times 0.053 \times K}{m} \times 100$$

式中 X——试样中的碱度（以碳酸钠计）（g/100 g）；

V_1——滴定试样时消耗盐酸标准滴定溶液的体积（mL）；

V_2——空白实验消耗盐酸标准滴定溶液的体积（mL）；

K——稀释倍数，$K=5$；

c——盐酸标准溶液的浓度（mol/L）；

m——样品的质量（g）。

计算结果保留至小数点后2位。

同一样品的两次测定值之差不得超过两次测定平均值的2%。

项目三　食品添加剂的检验

食品添加剂是指为改善食品品质和色、香、味，以及为防腐、保鲜和加工工艺的需要而加入食品中的人工合成或天然物质。营养强化剂、食品用香料、胶基糖果中基础剂物质、食品工业用加工助剂也都包括在内。

在焙烤食品中常用的食品添加剂种类包括防护剂、抗凝结剂、乳化剂、着色剂、香精、小麦粉改良剂、强化剂等。这些添加剂在改善焙烤食品的面团的加工性能、延长食品的保质期、增加色泽、增加香气及改善品质等方面起着重要作用。但是违禁、滥用及超范围、超标准使用添加剂，都会给食品质量、安全卫生及消费者的健康带来巨大的损害。所以，焙烤食品加工企业必须严格遵照执行食品添加剂的卫生标准，加强食品添加剂的卫生管理，规范、合理、安全地使用添加剂，保证食品质量安全，保证人民身体健康。而对焙烤食品中食品添加剂进行检验，对焙烤食品的质量安全有着很好的监督、保证和促进作用。

任务一　焙烤食品中合成着色剂的测定

<难度指标> ★★★★★

 学习目标

1. 知识目标

（1）熟练掌握焙烤食品中合成着色剂测定的原理。

（2）掌握高效液相色谱仪的工作原理及使用注意事项。

2. 能力目标

（1）熟练掌握高效液相色谱仪的操作方法。

（2）掌握合成着色剂标准溶液的配制方法。

（3）掌握液相色谱图根据保留时间定性与峰面积比较定量的分析方法。

3. 情感态度价值观目标

（1）动手操作高效液相色谱仪，激发与保持对食品检测技术的求知欲，形成积极主动地学习和使用检测仪器、参与检测工作的态度。

（2）能正确地认识焙烤食品检测的重要性，理解并遵守实验规程，培养认真负责与团结合作的工作态度。

 任务描述

对任意一个焙烤食品样品，按标准要求对样品进行预处理、样品制备并用高效液相色谱法测定合成着色剂的含量［参照《食品中合成着色剂的测定》（GB/T 5009.35—2003）］。

 任务分解

焙烤食品中合成着色剂的测定流程如图 2-13 所示。

图 2-13　焙烤食品中合成着色剂的测定流程

 知识储备

着色剂是指使食品着色的物质，可增加人们对食品的嗜好及刺激食欲，按来源分为化学合成色素和天然色素两类。我国允许使用的化学合成色素有苋菜红、胭脂红、赤藓红、新红、柠檬黄、日落黄、靛蓝、亮蓝，以及为增强上述水溶性酸性色素在油脂中分散性的各种色素。根据心理学家的分析结果，人们凭感觉接受的外界信息中，83% 的印象来自视觉。由此可见产品外观的重要性，特别是外观颜色尤为重要。

 实验实施

1. 实验准备

（1）仪器与设备

1）高效液相色谱仪：带紫外检测器。

2）天平：感量 0.001 g。

3）电热板。

4）烧杯：100 mL。

5）锥形瓶：250 mL。

（2）试剂与药品

1）水：实验用一级水。

2）甲醇：色谱纯，经 0.5 μm 滤膜过滤。

3）乙酸铵溶液（0.02 mol/L）：称取 1.54 g 乙酸铵，加水至 1 000 mL，经 0.45 μm 滤膜过滤。

4）聚酰胺粉：过 200 目筛。

5）甲醇-甲酸（6 + 4）溶液：量取甲醇 60 mL 和甲酸 40 mL，混匀。

6）柠檬酸溶液：称量 20 g 柠檬酸，加水至 100 mL，溶解混匀。

7）无水乙醇-氨水-水（7 + 2 + 1）溶液：量取无水乙醇 70 mL、氨水 20 mL、水 10 mL，混匀。

8）硫酸锌溶液（120 g/L）。

9）氢氧化钠溶液（40 g/L）。

10）pH 6 的水：水加柠檬酸溶液调 pH 值到 6。

11）合成着色剂标准溶液：0.5 mg/mL，有证标准物质。

12）合成着色剂混合标准使用液：分别吸取合成着色剂标准溶液 0.00 mL、0.20 mL、0.40 mL、0.60 mL、0.80 mL、1.00 mL，加入 10 mL 容量瓶内，加水至刻度，配制成 0 μg/mL、10 μg/mL、20 μg/mL、30 μg/mL、40 μg/mL、50 μg/mL 混合标准使用液，用于制作工作曲线。

2. 实验步骤

（1）样品预处理

取已粉碎样品 10 ~ 20 g，放入 100 mL 烧杯中，加水 50 mL，温热溶解，先加硫酸锌 6 mL，再加氢氧化钠溶液 4 mL，摇匀，滤纸过滤。称取 10.00 g 试样，置于 100 mL 烧杯中，用约 80 ℃无二氧化碳的水将烧杯中的试样转移至 250 mL 锥形瓶中。

（2）色素提取

试样溶液（滤液）中加 1 ~ 2 g 聚酰胺粉，搅拌片刻，以 G3 垂融漏斗抽滤，用 60 ℃ pH 4 的水洗涤 3 ~ 5 次，然后用甲醇-甲酸混合溶液洗涤 3 ~ 5 次，再用水洗至中性，用乙醇-氨水-水混合溶液解析 3 ~ 5 次，每次 5 mL，收集解析液，于电热板 180 ℃蒸发至近干，加少量水溶解，定容至 10 mL。

（3）色谱条件

1）柱：YWG-C_{18}，250 mm ×4.6 mm，5 μm 不锈钢柱。

2）流动相：甲醇:乙酸铵溶液。

3）梯度洗脱：甲醇25% ~ 35%，3%/min；35% ~ 98%，9%/min；98%继续 6 min。

4）流速：1 mL/min。

5）进样量：20 μL。

6）检测器：紫外检测器，254 nm 波长。

7）根据保留时间定性，外标峰面积法定量。

（4）测定

处理后的样液经 0.45 μm 水系滤膜过滤，将样液注入高效液相色谱仪。

3. 结果计算

$$X = \frac{A \times 1\,000}{m \times V_2/V_1 \times 1\,000 \times 1\,000}$$

式中　X——试样中着色剂的含量（g/kg）；

　　　A——样液中着色剂的质量（μg）；

　　　V_2——进样体积（mL）；

　　　V_1——试样稀释液总体积（mL）；

　　　m——试样质量（g）。

计算结果保留 2 位有效数字。

在重复性条件下获得的两次独立测定结果的绝对差值不得超过算术平均值的 10%。

任务二 焙烤食品中山梨酸、苯甲酸、糖精钠的测定

<难度指标> ★★★★★

 学习目标

1. 知识目标

（1）熟练掌握焙烤食品中山梨酸、苯甲酸、糖精钠测定的原理。

（2）掌握高效液相色谱仪的工作原理及使用注意事项。

2. 能力目标

（1）熟练掌握高效液相色谱仪的操作方法。

（2）掌握山梨酸、苯甲酸、糖精钠及混合标准溶液的配制方法。

（3）掌握液相色谱图根据保留时间定性与峰面积比较定量的分析方法。

3. 情感态度价值观目标

（1）动手操作高效液相色谱仪，激发与保持对食品检测技术的求知欲，形成积极主动地学习和使用检测仪器、参与检测工作的态度。

（2）能正确地认识焙烤食品检测的重要性，理解并遵守实验规程，培养认真负责与团结合作的工作态度。

 任务描述

对任意一个焙烤食品样品，按照标准要求对样品进行预处理、样品制备并用高效液相色谱法检测山梨酸、苯甲酸、糖精钠的含量［参照《食品中山梨酸、苯甲酸、糖精钠的测定 高效液相色谱法》（GB/T 23495—2009）］。

任务分解

焙烤食品中山梨酸、苯甲酸、糖精钠的测定流程如图2-14所示。

图2-14 焙烤食品中山梨酸、苯甲酸、糖精钠的测定流程

 知识储备

1. 山梨酸、苯甲酸及糖精钠在焙烤食品中的作用及我国食品卫生法的规定

山梨酸及山梨酸钾（以下简称山梨酸及其钾盐）、苯甲酸及苯甲酸钠（以下简称苯甲酸及其钠盐）都是目前我国使用的主要防腐剂。山梨酸是一种直链不饱和脂肪酸，可参与人体内的正常代谢，并且被人体消化和吸收，产生二氧化碳和水，是目前国际粮农组织推荐和卫生组织推荐的高效安全的防腐保鲜剂，已被很多国家和地区广泛使用。山梨酸及其钾盐能有效

地抑制霉菌、酵母菌和好氧性细菌的活性，还能防止肉毒杆菌、葡萄球菌、沙门氏菌等有害微生物的生长和繁殖(但对厌氧性芽孢菌与嗜酸乳杆菌等有益微生物几乎无效)，其抑制发育的作用比杀菌作用更强，从而达到有效地延长食品的保存时间，并且保持原有食品的风味的目的。我国《食品安全国家标准　食品添加剂使用标准》(GB 2760—2011)中规定，山梨酸及其钾盐在果汁饮料、蜜饯、果冻等的最大使用限量为 0.5 g/kg，在氢化植物油、人造黄油及其类似制品(如黄油和人造黄油混合品)、果酱、面包、糕点、焙烤食品馅料及挂浆中的最大使用限量为 1.0 g/kg(以山梨酸计)。

苯甲酸是重要的酸型食品防腐剂，在酸性条件下，对霉菌、酵母和细菌均有抑制作用，但对产酸菌作用较弱。抑菌的最适 pH 为 2.5～4.0，一般 pH 以低于 4.5～5.0 为宜。我国《食品安全国家标准　食品添加剂使用标准》(GB 2760—2011)规定，苯甲酸及苯甲酸钠在碳酸饮料中的最大使用量为0.2 g/kg，果酱(不包括罐头)、调味糖浆、果汁饮料中最大使用量为1 g/kg(以苯甲酸计)。

糖精钠别名糖精，邻苯酰磺酰亚胺钠，分子式为 $C_7H_4NNaO_3S \cdot 2H_2O$，为无色结晶或稍带白色的结晶性粉末，是重要的甜味剂和增味剂。甜度为蔗糖的 200～500 倍，一般为 300 倍，易溶于水，略溶于乙醇，水溶液为微碱性。我国《食品安全国家标准　食品添加剂使用标准》(GB 2760—2011)规定，糖精钠在果糕中最大使用量为 5.0 g/kg，在蜜饯凉果中的最大使用量为 1.0 g/kg。

2. 高效液相色谱法测定山梨酸、苯甲酸及糖精钠的原理

色谱法的实质是试样混合物的物理化学分离过程，也就是试样中各组分在色谱柱中两相质检不断进行的分配过程和分配平衡，它是在 1906 年一个偶然的机会被俄国植物学家茨维特提出来的，而高效液相色谱法(High Performance Liquid Chromatography, HPLC)是色谱法的一个重要分支，它是以液体为流动相，采用高压输液系统，将具有不同极性的单一溶剂或不同比例的混合溶剂、缓冲液等流动相泵入装有固定相的色谱柱，在柱内各成分被分离后，进入检测器进行检测，从而实现对试样的分析。我国国标《食品中山梨酸、苯甲酸、糖精钠的测定　高效液相色谱法》规定了食品中山梨酸、苯甲酸、糖精钠的测定方法——高效液相色谱法。该法是将样品进行提取后，将提取液过滤，经反相高效液相色谱分离后，根据保留时间和峰面积进行定性和定量。该方法前处理简单、重现性好、灵敏度高。

 实验实施

1. 实验准备

(1) 仪器与设备

1) 高效液相色谱仪：配有紫外检测器。

2) 高速离心机：转速不低于 4 000 r/min。

3) 超声波水浴振荡器。

4) 天平：感量 0.001 g。

5) 水浴锅。

6) 微孔滤膜：0.45 μm，水相。

7) 容量瓶：25 mL

（2）试剂与药品

1）水：实验用一级水。

2）甲醇：色谱纯。

3）乙酸铵溶液（0.02 mol/L）：称取 1.54 g 乙酸铵，加水溶解并稀释至 1 000 mL，经 0.45 μm 滤膜过滤。

4）亚铁氰化钾溶液：称取 106 g 亚铁氰化钾加水至 1 000 mL。

5）乙酸锌溶液：称取 220 g 乙酸锌溶于少量水中，加入 30 mL 冰乙酸，加水稀释至 1 000 mL。

6）稀氨水溶液（1 + 1）：氨水加水等体积混合。

7）正己烷。

8）碳酸氢钠溶液：20 g/L。

9）pH 4.4 乙酸盐缓冲溶液：

①乙酸钠溶液：称取 6.80 g 乙酸钠（CH₃COONa · 3H₂O），用水溶解，定容至 1 000 mL。

②乙酸溶液：取 4.3 mL 冰乙酸，用水稀释至 1 000 mL。

将上述两种溶液按体积比 37:63 混合，即得 pH 4.4 乙酸盐缓冲溶液。

10）pH 7.2 磷酸盐缓冲溶液：

①称取 9.07 g 磷酸二氢钾，用水溶解后定容至 1 000 mL。

②称取 23.88 g 十二水合磷酸氢二钠，用水溶解后定容至 1 000 mL。

将上述两种磷酸盐溶液按体积比 7:3 混合，即得 pH 7.2 磷酸盐缓冲溶液。

11）苯甲酸标准储备溶液：准确称取 0.100 0 g 苯甲酸，加碳酸氢钠溶液（20 g/L）5 mL，加热溶解，移入 100 mL 容量瓶中，加水定容，此溶液每毫升含苯甲酸 1.00 mg，作为储备液。

12）山梨酸标准储备溶液：准确称取 0.100 0 g 山梨酸，加碳酸氢钠溶液（20 g/L）5 mL，加热溶解，移入 100 mL 容量瓶中，加水定容，此溶液每毫升含山梨酸为 1.00 mg，作为储备液。

13）糖精钠标准储备溶液：准确称取 0.100 0 g 糖精钠，加碳酸氢钠溶液（20 g/L）5 mL，加热溶解，移入 100 mL 容量瓶中，加水定容，此溶液每毫升含山梨酸为 1.00 mg，作为储备液。

14）苯甲酸、山梨酸、糖精钠标准混合使用溶液：吸取苯甲酸、山梨酸、糖精钠标准储备溶液各 10.0 mL，放入 100 mL 容量瓶中，加水至刻度。此溶液含苯甲酸、山梨酸、糖精钠各 0.1 mg/mL。经 0.45 μm 滤膜过滤。

2. 实验步骤

（1）样品预处理

饼干、糕点等焙烤食品参照国标《食品中山梨酸、苯甲酸、糖精钠的测定　高效液相色谱法》中固体样品中的肉制品、饼干、糕点的前处理方法：称取粉碎均匀样品 2 ~ 3 g（精确至 0.001 g）于小烧杯中，用 20 mL 水分数次清洗小烧杯，将样品移入 25 mL 容量瓶中，超声振荡提取 5 min，取出后加 2 mL 亚铁氰化钾溶液，摇匀，再加入 2 mL 乙酸锌溶液，摇匀用水定容至刻度。移入离心管中，4 000 r/min 离心 5 min，吸出上清液，用微孔滤膜过滤，滤液待上机分析。

（2）色谱条件

1）色谱柱：C_{18}柱，250 mm×4.6 mm，5 μm，或性能相当者。

2）流动相：甲醇（色谱法）+乙酸铵溶液（5+95）。

3）流速：1 mL/min。

4）检测波长：230 nm。

5）进样量：10 μL。

（3）测定

取处理液和混合标准使用液各 10 μL 注入高效液相色谱仪进行分离，以其标准溶液峰的保留时间为依据定性，以其峰面积求出样品液中被测物质含量，供计算。

3. 结果计算

$$X = \frac{m_1 \times 1\ 000}{m \times \frac{V_2}{V_1} \times 1\ 000}$$

式中　X——样品中苯甲酸或山梨酸或糖精钠的含量（g/kg）；

　　　m_1——进样体积中苯甲酸或山梨酸或糖精钠的质量（mg）；

　　　V_2——进样体积（mL）；

　　　V_1——样品稀释液总体积（mL）；

　　　m——样品质量（g）。

 知识拓展

测量山梨酸、苯甲酸的含量，除了高效液相色谱法，使用酸碱中和滴定法、比色法和气相色谱法也可分别测定苯甲酸及其钠盐、山梨酸及其钾盐和同时测定试样中山梨酸和苯甲酸含量。

1. 苯甲酸及其钠盐的测定——酸碱中和滴定法

（1）原理

于试样中加入饱和氯化钠溶液，在碱性条件下进行萃取，分离出蛋白质、脂肪等，然后酸化，用乙醚提取试样中的苯甲酸，再将乙醚挥发掉，溶于中性醚醇混合液中，最后以标准碱液滴定。

（2）仪器和试剂

1）仪器

①碱式滴定管。

②烧杯：300 mL。

③容量瓶：250 mL，500 mL。

④分液漏斗：500 mL。

⑤水浴锅。

⑥吹风机。

⑦分析天平。

⑧锥形瓶。

⑨干燥箱。

2）试剂

①纯乙醚：将乙醚置于蒸馏瓶中，在水浴上蒸馏，收取 35 ℃部分的馏液。

②盐酸：6 mol/L。

③氢氧化钠溶液（100 g/L）：准确称取氢氧化钠 100 g 于小烧杯中，先用少量蒸馏水溶解，再转移至 1 000 mL 容量瓶中，定容至刻度。

④氯化钠饱和溶液。

⑤纯氯化钠。

⑥95% 中性乙醇：于 95% 乙醇中加入数滴酚酞指示剂，以氢氧化钠溶液中和至微红色。

⑦中性醇醚混合液：将乙醚与乙醇按 1∶1 体积等量混合，以酚酞为指示剂用氢氧化钠中和至微红色。

⑧酚酞指示剂（1% 乙醇溶液）：溶解 1 g 酚酞于 100 mL 中性乙醇中。

⑨氢氧化钠标准溶液（0.05 mol/L）：称取纯氢氧化钠约 3 g，加入少量蒸馏水溶去表面部分，弃去这部分溶液，随即将剩余的氢氧化钠（约 2 g）用经过煮沸后冷却的蒸馏水溶解并稀释至 1 000 mL，按以下方法标定其浓度。

氢氧化钠标准溶液的标定：将分析纯邻苯二甲酸氢钾于 120 ℃干燥箱中烘约 1 h 至恒重并冷却 25 min，称取 0.400 0 g 于锥形瓶中，加入 50 mL 蒸馏水溶解后，加入 2 滴酚酞指示剂，用上述氢氧化钠标准溶液滴定至微红色且 1 min 内不褪色为止。

计算氢氧化钠溶液的浓度：

$$c = \frac{m \times 1\,000}{V \times 204.2}$$

式中　c——氢氧化钠溶液的浓度（mol/L）；

m——邻苯二甲酸氢钾的质量（g）；

V——滴定时使用的氢氧化钠溶液的体积（mL）；

204.2——邻苯二甲酸氢钾的摩尔质量（g/mol）。

（3）操作步骤

1）样品的处理：称取经粉碎的样品 100 g 于 500 mL 容量瓶中，加入 300 mL 蒸馏水，加入分析纯氯化钠至不溶解为止（使其饱和），然后用 100 g/L 氢氧化钠溶液将其调整至碱性（石蕊试纸实验），摇匀，再加饱和氯化钠溶液至刻度，放置 2 h（要不断振摇），过滤，弃去最初 10 mL 滤液，收集滤液供测定用。

2）提取：吸取以上制备的样品滤液 100 mL，移入 500 mL 分液漏斗中，加 6 mol/L 盐酸至酸性（石蕊试纸实验）。再加 3 mL 盐酸（6 mol/L），然后依次用 40 mL、30 mL、30 mL 纯乙醚，用旋转方法小心提取。每次摇动不少于 5 min。待静置分层后，将提取液移至另一个 500 mL 分液漏斗中（3 次提取的乙醚层均放入这一分液漏斗中）。用蒸馏水洗涤乙醚提取液，每次 10 mL，直至最后的洗液不呈酸性（石蕊试纸实验）为止。

将此乙醚提取液置于锥形瓶中，于 40～45 ℃水浴上回收乙醚。待乙醚只剩下少量时，停止回收，以吹风机吹干剩余的乙醚。

3）滴定：于提取液中加入 30 mL 中性醇醚混合液、10 mL 蒸馏水、酚酞指示剂 3 滴，以 0.05 mol/L 氢氧化钠标准溶液滴至微红色为止。

（4）结果计算

$$X = \frac{2.5 \times VcM}{1\ 000 \times m}$$

式中　*X*——样品中苯甲酸（或苯甲酸钠）的含量（mg/kg）；

　　　V——滴定时所耗氢氧化钠标准溶液的体积（mL）；

　　　c——氢氧化钠标准溶液的浓度（mol/L）；

　　　M——苯甲酸的摩尔质量（或苯甲酸钠的摩尔质量）（g/mol）；

　　　m——样品的质量（g）。

2. 山梨酸及其钾盐的测定——比色法

（1）原理

利用自样品中提取出来的山梨酸及其钾盐，在硫酸及重铬酸钾的氧化作用下产生丙二醛，丙二醛与硫代巴妥酸作用产生红色化合物，其红色深浅与丙二醛浓度成正比，并且于波长 530 nm 处有最大吸收，符合朗伯比尔定律，故可用比色法测定。

（2）仪器和试剂

1）仪器：

①721 型分光光度计。

②组织捣碎机。

③比色管：10 mL。

④容量瓶：250 mL，20 mL。

2）试剂：

①硫代巴妥酸溶液：准确称取 0.5 g 硫代巴妥酸于 100 mL 容量瓶中，加 20 mL 蒸馏水，然后再加入 10 mL 氢氧化钠溶液（1 mol/L），充分摇匀。使之完全溶解后再加入 11 mL 盐酸（1 mol/L），用水稀释至刻度。此溶液要在使用时新配制，最好在配制后不超过 6 h 内使用。

②重铬酸钾-硫酸混合液：以 0.1 mol/L 重铬酸钾和 0.15 mol/L 硫酸以 1:1 的体积比混合均匀配制备用。

③山梨酸钾标准溶液：准确称取 250 mg 山梨酸钾于 250 mL 容量瓶中，用蒸馏水溶解并稀释至刻度，使之成为 1 mg/mL 的山梨酸钾标准溶液。

④山梨酸钾标准使用溶液：准确移取山梨酸钾标准溶液 25 mL 于 250 mL 容量瓶中，稀释至刻度，充分摇匀，使之成为 0.1 mg/mL 的山梨酸钾标准使用溶液。

（3）操作步骤

1）样品的处理：称取 100 g 样品，加蒸馏水 200 mL，于组织捣碎机中捣成匀浆。称取此匀浆 100 g，加蒸馏水 200 mL，继续捣碎 1 min，称取 10 g 于 250 mL 容量瓶中定容摇匀，过滤备用。

2）山梨酸钾标准曲线的绘制：分别吸取 0.0 mL、2.0 mL、4.0 mL、6.0 mL、8.0 mL、10.0 mL 山梨酸钾标准使用溶液于 200 mL 容量瓶中，以蒸馏水定容（分别相当于0.0 μg/mL、1.0 μg/mL、2.0 μg/mL、3.0 μg/mL、4.0 μg/mL、5.0μg/mL 的山梨酸钾），再分别吸取 2.0 mL 于相应的 10 mL 比色管中，加 2.0 mL 重铬酸钾-硫酸溶液，于 100 ℃ 水浴中加热 7 min，立即加入 2.0 mL 硫代巴妥酸溶液，继续加热 10 min，立即取出迅速用冷水冷却，在分光光度计上以 530 nm 测定吸光度，并且绘制标准曲线。

（4）样品的测定

吸取样品处理液 2 mL 于 10 mL 比色管中，按标准曲线绘制的操作程序，自"加 2.0 mL 重铬酸钾-硫酸溶液……"开始依次进行操作，在分光光计 530 nm 处测定吸光度，从标准曲线中查出相应浓度。

（5）结果计算

$$X = \frac{c \times 250}{m \times 2}$$

式中　X——样品中山梨酸钾的含量（g/kg）；

　　　c——试样中含山梨酸钾的浓度（mg/mL）；

　　　250——样品处理液总体积（mL）；

　　　m——称取匀浆相当于试样的质量（g）；

　　　2——用于比色时试样溶液的体积（mL）。

其中山梨酸钾换算为山梨酸的系数是 1.34。

任务三　月饼中脱氢乙酸的测定

<难度指标>★★★★

155

 学习目标

1. 知识目标

（1）熟练掌握月饼中脱氢乙酸测定的原理。

（2）掌握高效液相色谱仪的工作原理及使用注意事项。

2. 能力目标

（1）熟练掌握高效液相色谱仪的操作方法。

（2）掌握脱氢乙酸标准溶液的配制方法。

（3）掌握液相色谱图根据保留时间定性与峰面积比较定量的分析方法。

3. 情感态度价值观目标

（1）动手操作高效液相色谱仪，激发与保持对食品检测技术的求知欲，形成积极主动地学习和使用检测仪器、参与检测工作的态度。

（2）能正确地认识焙烤食品检测的重要性，理解并遵守实验规程，培养认真负责与团结合作的工作态度。

 任务描述

对任意一个焙烤食品样品，按标准要求对样品进行预处理、样品制备并用高效液相色谱法测定脱氢乙酸的含量［参照《食品中脱氢乙酸的测定　高效液相色谱法》（GB/T 23377—2009）］。

 任务分解

月饼中脱氢乙酸的测定流程如图 2-15 所示。

仪器检查和试剂配制
⇩
样品前处理
⇩
标准曲线制作
⇩
样品测定
⇩
谱图分析、结果计算

图 2-15　月饼中脱氢乙酸的测定流程

 知识储备

脱氢乙酸，别名为二乙酰基乙酰乙酸，固态呈白色或浅黄色结晶粉末，无嗅、无味，熔点 108～110 ℃，沸点 270 ℃，是一种低毒且高效的防腐剂、防霉剂。在酸、碱条件下均有一定的抗菌作用，尤其对霉菌的抑制作用最强。脱氢乙酸是广谱防腐剂，抑菌能力为苯酸钠的 2～10 倍。脱氢乙酸的电离常数较低，尽管其抗菌活性和水溶液稳定性随 pH 升高而下降，但在较高 pH 范围内仍有很好的抗菌效果，当 pH 大于 9 时，抗菌活性才减弱。脱氢乙酸主要是抗酵母菌和霉菌，高剂量才能抑制细菌。我国《食品安全国家标准　食品添加剂使用标准（GB 2760—2011）规定，脱氢乙酸可用于面包、糕点、焙烤食品馅料及表面用挂浆最大使用量为 0.5 g/kg。

 实验实施

1. 实验准备

（1）仪器与设备

1）高效液相色谱仪：配有紫外检测器。

2）分析天平：感量 0.001 g。

3）不锈钢高速均质器。

4）容量瓶：25 mL。

5）超声波水浴振荡器：功率大于 180 W。

6）离心机。

（2）试剂与药品

1）水：实验用一级水。

2）甲醇：色谱纯。

3）正己烷。

4）乙酸铵：优级纯。

5）甲酸溶液（10%）：取 10 mL 甲酸，加水 90 mL，混匀。

6）乙酸铵溶液（0.02 mol/L）：称取 1.54 g 乙酸铵，用水溶解并定容至 1 000 mL。

7）硫酸锌溶液（120 g/L）：称取 120.0 g 七水硫酸锌，用水溶解并定容至 1 000 mL。

156

8）氢氧化钠溶液（20 g/L）：称取 20.0 g 氢氧化钠，用水溶解并定容至 1 000 mL。

9）甲醇溶液（70%）：取 70 mL 甲醇，加 30 mL 水，混匀。

10）脱氢乙酸标准品：有证标准物质。

11）脱氢乙酸标准储备液：称取 100 mg 脱氢乙酸标准品，用 10 mL 20 g/L 氢氧化钠溶液溶解，用水定容至 100 mL，配成 1 000 mg/L 的脱氢乙酸标准储备液。

12）脱氢乙酸标准使用液：分别吸取 0.10 mL、1.00 mL、5.00 mL、10.00 mL、20.00 mL 标准储备液，用水稀释至 100 mL 分别配制成 1.0 mg/L、10.0 mg/L、50.0 mg/L、100.0 mg/L、200.0 mg/L 脱氢乙酸标准使用液，用于制作工作曲线。4 ℃保存，可使用 1 个月。

2. 实验步骤

（1）样品预处理

黄油、面包、糕点、焙烤食品馅料、复合调味料：样品均质后称取 2~5 g，置于 25 mL容量瓶中，加入约 10 mL 水、5 mL 硫酸锌溶液（120 g/L），用氢氧化钠（20 g/L）调 pH 值 7~8，加水稀释至刻度，超声提取 10 min。脂肪含量较高时，转移到分液漏斗中，加入 10 mL 正己烷，振摇 1 min，静置分层，弃去正己烷层，再加入 10 mL 正己烷重复进行一次。

将上述处理好的样液置于离心管中，4 000 r/min 离心 10 min。取 20 mL 上清液用 10% 的甲酸调 pH 值 4~6，定容至 25 mL。

（2）色谱条件

1）柱：YWG-C_{18}，250 mm×4.6 mm，5 μm 不锈钢柱。

2）流动相：甲醇 + 0.02 mol/L 乙酸铵（10 + 90，体积比）。

3）流速：1.0 mL/min。

4）进样量：10 μL。

5）检测器：紫外检测器，293 nm。

6）根据保留时间定性，外标峰面积法定量。

（3）测定

处理后的样液经 0.45 μm 水系滤膜过滤，将样液注入高效液相色谱仪。

3. 结果计算

$$X = \frac{(c_1 - c_0) \times V \times f}{m \times 1\ 000}$$

式中　X——试样中脱氢乙酸的含量（g/kg）；

　　　c_1——由标准曲线得出的试样溶液中脱氢乙酸的浓度（mg/L）；

　　　c_0——由标准曲线得出的空白溶液中脱氢乙酸的浓度（mg/L）；

　　　V——试样溶液总体积（mL）；

　　　m——样品质量（g）；

　　　f——过固相萃取柱换算系数（$f = 0.5$）。

　　　　计算结果保留至小数点后 3 位。

在重复性条件下获得的两次独立测定结果的绝对差值不得超过算术平均值的 10%。

157

任务四　焙烤食品中铝的残留量测定

<难度指标> ★★★★

 学习目标

1. 知识目标

（1）熟练掌握焙烤食品中铝残留量测定的原理。

（2）掌握紫外可见分光光度计的工作原理及使用注意事项。

2. 能力目标

（1）熟练掌握紫外可见分光光度计的操作方法。

（2）掌握铝标准溶液的配制方法。

（3）掌握标准曲线的绘制方法及定量计算。

3. 情感态度价值观目标

（1）动手操作紫外可见分光光度计，激发与保持对食品检测技术的求知欲，形成积极主动地学习和使用检测仪器、参与检测工作的态度。

（2）能正确地认识焙烤食品检测的重要性，理解并遵守实验规程，培养认真负责与团结合作的工作态度。

 任务描述

对任意一个焙烤食品样品，按标准要求对样品进行预处理、消化、比色［参照《面制食品中铝的测定》（GB/T 5009.182—2003）］，测定铝的残留量。

 任务分解

焙烤食品中铝的残留量测定流程如图 2-16 所示。

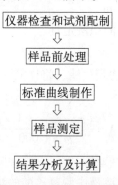

图 2-16　焙烤食品中铝的残留量测定流程

 知识储备

食品和膨化食品在制作过程中添加了含铝膨松剂，导致人体摄入过量的铝。铝在毒理学上虽属于低毒性的金属元素，它不会引起急性中毒，但进入细胞的铝可与多种蛋白质、酶、三磷酸腺苷等人体重要物质结合，影响体内的多种生化反应，干扰了细胞和器官的正常代谢，导致某些功能障碍，甚至出现一些疾病。然而，从目前的多次抽查检测中发现，铝超标的事件频频发生，让人触目惊心，而食品中铝的最大来源是人为超范围、超量使用某些食品添加剂及加工过程中的污染。因此，用准确、快速方便的方法来测定食品中的铝是必不可少的。

铝测定的原理：试样经处理后，三价铝离子在乙酸-乙酸钠缓冲介质中，与铬天青 S 及溴化十六烷基三甲胺反应形成蓝色三元络合物，于 640 nm 波长处测定吸光度并与标准比较定量。

 实验实施

1. 实验准备

（1）仪器与设备

1）紫外可见分光光度计：配 2 cm 比色皿。

2）天平：感量 0.000 1 g。

3）电热恒温鼓风干燥箱。

4）电热板。

5）食品粉碎机。

（2）试剂与药品

1）水：实验用一级水。

2）硝酸（优级纯）-高氯酸（优级纯）：硝酸与高氯酸以体积比 5:1 比例混合。

3）硫酸（优级纯）。

4）6 mol/L 盐酸溶液：量取分析纯盐酸 50 mL，加水稀释至 100 mL。

5）乙酸乙酸钠溶液：称取 34 g 乙酸钠溶于 450 mL 水中，加 2.6 mL 冰乙酸，调 pH 值至 5.5，用水稀释至 500 mL。

6）0.5 g/L 铬天青 S 溶液：称取 50 mg 铬天青 S，用水溶解并稀释至 100 mL。

7）0.2 g/L 溴化十六烷基三甲胺溶液：称取 20 mg 溴化十六烷基三甲胺，用水溶解并稀释至 100 mL，必要时加热助溶。

8）10 g/L 抗坏血酸溶液：称取 1.0 g 抗坏血酸用水溶解并定容至 100 mL，临用现配。

9）铝标准储备液：购置国家标准溶液，浓度相当于 1.0 mg/mL。

10）铝标准使用液：吸取 1.0 mL 上述标准储备液于 100 mL 容量瓶，用水稀释至刻度，再从中吸取 5.0 mL 于 50 mL 容量瓶中，用水稀释至刻度，该溶液相当于每毫升含有 1 μg 的铝。

2. 实验步骤

（1）样品预处理

1）将试样（不包括夹心、夹馅部分）粉碎均匀，取约 30 g 置 85 ℃烘箱中干燥 4 h，称取 1.000～2.000 g，置于 50 mL 锥形瓶中，加数粒玻璃珠，加 10～15 mL 硝酸-高氯酸，盖好玻璃片盖，放置过夜。

2）置电热板上缓缓加热至消化液无色透明，并出现大量高氯酸烟雾，取下锥形瓶，加入 0.5 mL 硫酸，不加玻璃盖，再置电热板上适当升高温度加热除去高氯酸，加 10～15 mL 水，加热至沸。

3）取下放冷后用水定容至 50 mL，如果试样稀释倍数不同，应保证试样溶液含 1%硫酸。同时做两个试剂空白。

（2）测定

1）吸取 0.0，1.0，2.0，3.0，4.0，5.0，6.0 mL 铝标准使用液（相当于含铝 0，1.0，2.0，3.0，4.0，5.0，6.0 μg），消化好的试样液吸取 1.0 mL，分别置于 25 mL 比色管中，向各管中加入 1.0 mL 1% 硫酸溶液。再吸取 1.0 mL 消化样液，置于 25 mL 比色管中，向标准管、试样管、试样空白管中分别依次加入 8.0 mL 乙酸乙酸钠缓冲溶液，1.0 mL 10 g/L 抗坏血酸溶液，混匀，加 2.0 mL 0.2 g/L 溴化十六烷基三甲胺溶液，混匀，再加入 2.0 mL 0.5 g/L 铬天青 S 溶液，摇匀后用水稀释至刻度。室温放置 20 min 后，用 1 cm 比色杯于分光光度计上，以零管调零，620 nm 波长处测其吸光度，绘制标准曲线，比较定量。

2）于 620 nm 处，用 2 cm 比色皿以试剂空白为参比，测量吸光度。绘制标准曲线比较定量。

3. 结果计算

$$X = \frac{(A_1 - A_2) \times 1\,000}{m \times \frac{V_2}{V_1} \times 1\,000}$$

式中　X——试样中铝的含量（mg/kg）；

A_1——测定用试样液中铝的质量（μg）；

A_2——试剂空白液中铝的质量（μg）；

V_1——试样消化液总体积（mL）；

V_2——测定用试样消化液体积（mL）；

m——试样质量（g）

计算结果保留到小数点后 1 位。

在重复性条件下获得的两次独立测定结果的绝对差值不得超过算术平均值的 10%。

任务五　面包中丙酸的测定

<难度指标> ★★★★

 学习目标

1. 知识目标

（1）熟练掌握面包中丙酸测定的原理。

（2）掌握高效液相色谱仪的工作原理及使用注意事项。

2. 能力目标

（1）熟练掌握高效液相色谱仪的操作方法。

（2）掌握丙酸标准溶液的配制方法。

3. 情感态度价值观目标

（1）动手操作高效液相色谱仪，激发与保持对食品检测技术的求知欲，形成积极主动地学习和使用检测仪器、参与检测工作的态度。

（2）能正确地认识焙烤食品检测的重要性，理解并遵守实验规程，培养认真负责与团结合作的工作态度。

任务描述

对任意一个焙烤食品样品，按标准要求对样品进行预处理、样品制备并用高效液相色谱法测定丙酸的含量[参照《食品中丙酸钠、丙酸钙的测定　高效液相色谱法》(GB/T 23382—2009)]。

 任务分解

面包中丙酸的测定流程如图 2-17 所示。

图 2-17　面包中丙酸的测定流程

 知识储备

丙酸钙是酸型食品防腐剂，在酸性条件下，产生游离丙酸，具有抗菌作用。其抑菌作用受环境 pH 值的影响，在 pH 5.0 时，霉菌的抑制作用最佳；pH 6.0 时，抑菌能力明显降低，最小抑菌浓度为 0.01%。在酸性介质(淀粉、含蛋白质和油脂物质)中对各类霉菌、革兰氏阴性杆菌或好氧芽孢杆菌有较强的抑制作用，还可以抑制黄曲霉素的产生，而对酵母菌无害，对人畜无害，无毒副作用，是应用于食品、酿造、饲料、中药制剂等方面的一种新型、安全、高效的食品与饲料用防霉剂。

作为食品保存剂的丙酸盐，丙酸钙主要用于面包，因为丙酸钠使面包的 pH 值升高，延迟生面的发酵；但糕点中多用丙酸钠，因为糕点的膨松采用合成膨松剂，没有 pH 值上升引起的酵母发育问题。但丙酸钙比丙酸钠稳定。

 实验实施

1. 实验准备

(1) 仪器与设备

1) 高效液相色谱仪：配有紫外检测器。

2) 分析天平：感量 0.000 1 g。

3) 离心机：转速不低于 4 000 r/min。

4) 烧杯：100 mL。

5) 超声波水浴振荡器。

6) 容量瓶：50 mL。

7) 具墨塑料离心管：50 mL。

8）微孔滤膜：0.45 μm

（2）试剂与药品

1）水：实验用一级水。

2）磷酸。

3）磷酸氢二铵。

4）硅油。

5）磷酸溶液（1 mol/L）：在 50 mL 水中加入 53.5 mL 磷酸，混匀后，加水定容至1 000 mL。

6）磷酸氢二铵溶液（1.5 g/L）：称取磷酸氢二铵 1.5 g，加水溶解定容至 1 000 mL。

7）丙酸标准品：纯度大于或等于99%，有证标准物质。

8）丙酸标准储备液：准确称取 1.00 g 丙酸，加水定容至 100 mL，配制 10 mg/mL 的丙酸标准储备液。于 4 ℃冰箱内储存，有效期为 3 个月。

9）丙酸标准工作液：吸取 5.00 mL 丙酸标准储备液于 50 mL 容量瓶内，加水定容至刻度，配成浓度为 1 mg/mL 的丙酸标准工作液。

10）丙酸标准使用液：分别吸取 0.25 mL、0.5 mL、1.0 mL、2.0 mL、3.0 mL、4.0 mL 丙酸标准工作液于 10 mL 容量瓶内，加入 1 mol/L 磷酸溶液 0.2 mL，加水定容至刻度，分别配制成 0.025 mg/mL、0.05 mg/mL、0.1 mg/mL、0.2 mg/mL、0.3 mg/mL、0.4 mg/mL、0.5 mg/mL 丙酸使用液，用于制作工作曲线。

2. 实验步骤

（1）样品预处理

1）准确称取 5.00 g 试样至 100 mL 烧杯中，加水 20 mL，加入 1 mol/L 磷酸溶液 0.5 mL，混匀，经超声浸提 10 min 后，用 1 mol/L 磷酸溶液调 pH 至 3 左右，转移试样至 50 mL 容量瓶中，用水定容至刻度，摇匀。

2）将试样全部转移至 50 mL 具塞塑料离心管中，以不低于 4 000 r/min 离心 10 min，取上清液，经 0.45 μm 滤膜过滤，用上述处理好的样液清洗微量进样器 2~3 次，吸取 20 μL 样液，注入高效液相色谱仪。

（2）色谱条件

1）柱：YWG-C_{18}，250 mm×4.6 mm，5 μm 不锈钢柱。

2）流动相：甲醇：磷酸氢二铵溶液（1.5 g/L）=5:95（体积比），用磷酸溶液（1 mol/L）调 pH 至 2.7~3.5（使用时配制）；经 0.45 μm 微孔滤膜过滤。

3）流速：1.0 mL/min。

4）进样量：20 μL。

5）柱温：25 ℃。

6）检测器：紫外检测器，214 nm。

7）根据保留时间定性，外标峰面积法定量。

（3）测定

处理后的样液经 0.45 μm 水系滤膜过滤，将样液注入高效液相色谱仪。

3. 结果计算

$$X = \frac{c \times V \times 1\,000}{m \times 1\,000} \times f$$

式中　X——试样中丙酸含量（g/kg）；
　　　c——由标准曲线得出的样液中丙酸的浓度（mg/mL）；
　　　V——样液最后定容体积（mL）；
　　　m——样品质量（g）；
　　　f——稀释倍数。

计算结果保留 3 位有效数字。

在重复性条件下获得的两次独立测定结果的绝对差值不得超过算术平均值的10%。

项目四　焙烤食品重金属的检验

任务一　焙烤食品中总砷的测定

<难度指标> ★★★★

 ## 学习目标

1. 知识目标

（1）熟练掌握焙烤食品中总砷测定的原理。

（2）掌握双道原子荧光光度计的工作原理及使用注意事项。

2. 能力目标

（1）熟练掌握双道原子荧光光度计的操作方法。

（2）掌握砷标准溶液的配制方法。

3. 情感态度价值观目标

（1）通过对焙烤食品中总砷测定的了解，激发和保持对食品检测技术的求知欲，形成积极主动地学习和使用食品检测技术、参与到检测活动的态度。

（2）能正确地认识食品检测对社会发展和日常生活的重要性。

（3）能理解并遵守与食品检测相关的职业道德，负责任地、安全地进行检测工作。

 ## 任务描述

对任意一个焙烤食品样品，按标准要求对样品进行预处理、样品消化并用氢化物原子荧光光度法测定总砷的含量［参照《食品中总砷及无机砷的测定》（GB/T 5009.11—2003）］。

 ## 任务分解

焙烤食品中总砷的测定流程如图2-18所示。

图2-18　焙烤食品中总砷的测定流程

知识储备

　　砷是一种化学元素，是一种类金属元素。砷在地壳中的含量约 0.000 5%，主要以硫化物的形式存在，有三种同素异形体：黄砷、黑砷、灰砷。砷主要与铜、铅及其他金属形成合金；三氧化二砷、砷酸盐可作为杀虫剂、木材防腐剂；高纯砷还用于半导体和激光技术中。此元素有剧毒，并且无臭无味。鱼、海产品、谷类、酒和粮谷制品是食物中砷的主要来源。

　　测定原理：食品试样经湿消解后，加入硫脲使五价砷预还原为三价砷，再加入硼氢化钾使其还原生成砷化氢，由氩气载入石英原子化器中分解为原子态砷，在特制砷空心阴极灯的发射光激发下产生原子荧光，其荧光强度在固定条件下与被测液中的砷浓度成正比，与标准系列比较定量。

 实验实施

1. 实验准备

（1）仪器与设备

1）双道原子荧光光度计。

2）天平：感量 0.000 1 g。

3）电热板。

4）锥形瓶。

5）刻度试管：25 mL。

（2）试剂与药品

1）水：实验用一级水。

2）氢氧化钠。

3）硼氢化钾：原子荧光专用。

4）硫脲。

5）抗坏血酸。

6）盐酸：优级纯。

7）还原剂：称取氢氧化钠 2 g 于 500 mL 烧杯中，加入少量水，完全溶解后，加入硼氢化钾 8 g，加水至 400 mL，混匀。此液于冰箱可保存 10 天，取出后应当日使用。

8）混合液：称取硫脲 15 g、抗坏血酸 15 g，溶解于 300 mL 水中。

9）载流：水 + 盐酸（5 + 95，体积比）。

10）混合酸：硝酸 + 高氯酸（9 + 1，体积比）。

11）盐酸溶液（1 + 1）：量取 250 mL 盐酸，慢慢倒入 250 mL 水中，混匀。

12）砷标准溶液：100 μg/mL，有证标准物质。

13）砷标准储备液：吸取砷标准溶液 1.00 mL 于 100 mL 容量瓶中，加入盐酸溶液（1 + 1）10 mL，加入混合液 40 mL，用水定容至刻度，混匀，静置 30 min。此溶液浓度为 1 μg/mL。

14）砷标准使用液（手动稀释）：分别吸取 0.00 mL、0.10 mL、0.20 mL、0.40 mL、

0.80 mL、1.00 mL 砷标准储备液于 100 mL 容量瓶中，加入盐酸溶液（1+1）10 mL，加入混合液 40 mL，用水定容至刻度。配制成标准曲线的浓度分别为 0.00 ng/mL、1.00 ng/mL、2.00 ng/mL、4.00 ng/mL、8.00 ng/mL、10.00 ng/mL，混匀，静置 30 min，用于工作曲线的制作。

15）砷标准使用液（自动稀释）：吸取 1.00 mL 砷标准储备液于 100 mL 容量瓶中，加入盐酸溶液（1+1）10 mL，加入混合液 40 mL，用水定容至刻度。配制成标准曲线的浓度为 10.00 ng/mL，混匀，静置 30 min，用于工作曲线的制作。

2. 实验步骤

（1）样品预处理

1）固体试样称取 1~2.5 g，液体试样称 5~10 g，于锥形瓶中，加 15~20 mL 混合酸，于电热板上消解，180 ℃消化 0.5 h，升至 220 ℃消化至完全。若变棕黑色，再加混合酸，直至冒白烟，消化液呈无色透明或略带黄色，加水赶酸，放冷，用滴管将试样消化液洗入 25 mL 刻度试管中，用水少量多次洗涤锥形瓶，洗液合并于 25 mL 刻度试管中，用刻度吸管加入 2.5 mL 盐酸（1+1），加入 10 mL 混合液，并且定容至刻度，混匀，静置 30 min，备用。

2）同时作两份试剂空白实验。

（2）仪器条件

1）光电倍增管负高压：280 V。

2）总灯电流：50 mA。

3）辅助灯电流：25 mA。

4）原子化器高度：8 mm。

5）载气流量：400 mL/min。

6）屏蔽气：900 mL/min。

7）进样量：1500 μL。

8）光电倍增管负高压和总灯电流根据实际情况可调整。

（3）测定

将样液、试剂空白、标准使用液分别注入样品管内进行荧光强度的测定。仪器软件自动扣除试剂空白。

3. 结果计算

$$X = \frac{c \times V \times 1\,000}{m \times 1\,000 \times 1\,000}$$

式中 X——试样中总砷含量（mg/kg 或 mg/L）；

c——测定样液中总砷含量（μg/L）；

V——试样消化液定容体积（mL）；

m——试样质量或体积（g 或 mL）。

计算结果保留 2 位有效数字。

在重复性条件下获得的两次独立测定结果的绝对差值不得超过算术平均值的 10%。

任务二　焙烤食品中铅的测定

<难度指标> ★★★★

学习目标

1. 知识目标

（1）熟练掌握焙烤食品中铅的测定原理。

（2）掌握原子吸收分光光度计的工作原理及使用注意事项。

2. 能力目标

（1）熟练掌握原子吸收分光光度计的操作方法。

（2）掌握铅标准溶液的配制方法。

3. 情感态度价值观目标

（1）通过对铅测定的了解，激发和保持对食品检测技术的求知欲，形成积极主动地学习和使用食品检测技术、参与到检测活动的态度。

（2）能正确地认识食品检测对社会发展和日常生活的重要性。

（3）能理解并遵守与食品检测相关的职业道德，负责任地、安全地进行检测工作。

任务描述

对任意一个焙烤食品样品，按标准要求对样品进行预处理、样品消化并用石墨炉原子吸收光谱法测定铅的含量[参照《食品安全国家标准　食品中铅的测定》（GB 5009.12—2010）]。

任务分解

焙烤食品中铅的测定流程如图2-19所示。

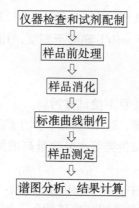

图2-19　焙烤食品中铅的测定流程

知识储备

铅是化学元素，其化学符号是Pb，原子序数为82。铅是一种柔软，延展性强，有毒的重金属。铅的本色为青白色，在空气中表面很快被一层暗灰色的氧化物覆盖。铅可用于建筑材料、铅酸蓄电池、枪弹和炮弹、焊锡、奖杯和某些合金。

铅是一种有毒的金属，它可以破坏儿童的神经系统，它可以导致血液循环系统和脑的疾病。长期接触铅及其盐类(尤其是可溶的和强氧化性的 PbO_2)可以导致肾病和类似绞痛的腹痛。摄入过多的铅及其化合物会导致心悸、易激动，并且会使神经系统受损，甚至会致癌和致畸。铅含量超标会对儿童产生非常大的负面影响。

 实验实施

1. 实验准备

(1) 仪器与设备

1) 原子吸收分光光度计。

2) 天平：感量 0.000 1 g。

3) 干燥箱。

4) 电炉。

5) 容量瓶：25 mL。

(2) 试剂与药品

1) 水：实验用一级水。

2) 硝酸：优级纯。

3) 高氯酸：优级纯。

4) 硝酸(0.5 mol/L)：取 3.2 mL 硝酸加入 50 mL 水中，稀释至 100 mL。

5) 磷酸二氢铵溶液(20 g/L)：称取 2.0 g 磷酸二氢铵，以水溶解稀释至 100 mL。

6) 混合酸：硝酸 + 高氯酸(9 + 1)，取 9 份硝酸与 1 份高氯酸混合。

7) 铅标准溶液：1 000 μg/mL，有证标准物质。

8) 铅标准储备液：吸取铅标准溶液 0.20 mL 于 200 mL 容量瓶中，加 0.5 mol/L 硝酸至刻度。

9) 铅标准使用液：分别吸取 0.50 mL、1.00 mL、1.50 mL、2.00 mL、2.50 mL 铅标准储备液于 100 mL 容量瓶中，加 0.5 mol/L 硝酸至刻度，用于工作曲线的制作。

2. 实验步骤

(1) 样品预处理

1) 在采样和制备过程中，应注意不使试样污染。

2) 粮食、豆类去杂物后，磨碎，过 20 目筛，储于塑料瓶中，保存备用。

3) 蔬菜、水果、鱼类、肉类及蛋类等水分含量高的鲜样，用食品加工机或匀浆机打成匀浆，储于塑料瓶中，保存备用。

4) 称取试样 1 ~ 5 g 于锥形瓶中，加 10 mL 混合酸，于电炉上消解，若变棕黑色，再加混合酸，直至冒白烟，消化液呈无色透明或略带黄色，加水赶酸，放冷，用滴管将试样消化液洗入或过滤入 25 mL 容量瓶中，用水少量多次洗涤容量瓶，洗液合并于容量瓶中并定容至刻度，混匀备用；同时作试剂空白实验。

(2) 仪器条件

参考条件为波长 283.3 nm，狭缝 0.2 ~ 1.0 nm，灯电流 5 ~ 7 mA，干燥温度 120 ℃，20 s；灰化温度 450 ℃，持续 15 ~ 20 s；原子化温度 1 700 ~ 2 300 ℃，持续 4 ~ 5 s，背景校

正为氖灯。

（3）测定

1）通过自动进样器将样液、试剂空白、标准使用液分别注入石墨炉，测得其吸光值。

2）基体改进剂的使用：对有干扰试样，则注入适量的基体改进剂磷酸二氢铵溶液（一般为5 μL或与试样同量）消除干扰。绘制铅标准曲线时也要加入与试样测定时等量的基体改进剂磷酸二氢铵溶液。

3. 结果计算

$$X = \frac{(c_1 - c_0) \times V \times 1\ 000}{m \times 1\ 000 \times 1\ 000}$$

式中　X——试样中铅含量（mg/kg 或 mg/L）；

　　　c_1——测定样液中铅含量（ng/mL）；

　　　c_0——空白液中铅含量（ng/mL）；

　　　V——试样消化液定量总体积（mL）；

　　　m——试样质量或体积（g/mL）。

以重复性条件下获得的两次独立测定结果的算术平均值表示，结果保留2位有效数字。

在重复性条件下获得的两次独立测定结果的绝对差值不得超过算术平均值的20%。

项目五 焙烤食品毒素的检验

任务一 焙烤食品中黄曲霉毒素B₁的测定

<难度指标> ★★★★

 学习目标

1. 知识目标

（1）熟练掌握焙烤食品中黄曲霉毒素 B_1 的测定原理。

（2）掌握高效液相色谱仪的工作原理及使用注意事项。

2. 能力目标

（1）熟练掌握高效液相色谱仪的操作方法。

（2）能够区分并操作高效液相色谱紫外检测器及荧光检测器。

（3）能够配制黄曲霉毒素标准。

3. 情感态度价值观目标

（1）通过对焙烤食品中黄曲霉毒素 B_1 测定的了解，激发和保持对食品检测技术的求知欲，形成积极主动地学习和使用食品检测技术、参与到检测活动的态度。

（2）能正确地认识食品检测对社会发展和日常生活的重要性。

（3）能理解并遵守与食品检测相关的职业道德，负责任地、安全地进行检测工作。

 任务描述

对任意一个焙烤食品样品，按标准要求对样品进行预处理、提取与净化并用免疫亲和层析净化高效液相色谱法测定黄曲霉毒素 B_1 的含量［参照《食品中黄曲霉毒素的测定 免疫亲和层析净化高效液相色谱法和荧光光度法》（GB/T 18979—2003）］。

 任务分解

焙烤食品中黄曲霉毒素 B_1 的测定流程如图2-20所示。

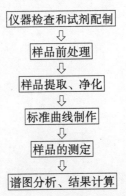

图2-20 焙烤食品中黄曲霉毒素 B_1 的测定流程

知识储备

黄曲霉毒素是一类真菌(如黄曲霉和寄生曲霉)的有毒代谢产物,具有很强的毒性,能强烈破坏人和动物的肝脏组织,严重时会导致肝癌甚至死亡。黄曲霉毒素主要包括 B_1、B_2、G_1、G_2 及另外两种代谢产物 M_1、M_2。天然污染的食品中以黄曲霉毒素 B_1 最为多见,其毒性和致癌性也最强。

黄曲霉毒素 B_1 是二氢呋喃香豆素的衍生物,含有一个双呋喃环和一个氧杂萘邻酮(香豆素)。

黄曲霉毒素耐热,280 ℃才可裂解,故一般烹调加工温度下难以破坏。

常用的黄曲霉毒素检测方法包括薄层色谱法(TLC)、液相色谱法、酶联免疫法(ELISA)等。薄层色谱法是测定黄曲霉毒素的经典方法。高效液相色谱法对黄曲霉毒素 B_1、B_2、G_1、G_2 分别进行定量分析。免疫亲和层析净化高效液相色谱法采用特异抗体免疫技术,可以特效地将黄曲霉毒素与其他真菌素分离出来,分离效率和回收率高。此方法已得到广泛应用。

免疫亲和层析净化高效液相色谱法的检测原理:试样经过甲醇-水提取,提取液经过滤、稀释后,滤液经过含有黄曲霉毒素特异抗体的免疫亲和层析净化,此抗体对黄曲霉毒素 B_1、B_2、G_1、G_2 具有专一性,黄曲霉毒交联在层析介质中的抗体上。用水或吐温-20/PBS 将免疫亲和柱上的杂质除去,以甲醇通过免疫亲和层析柱洗脱,洗脱液通过带荧光检测器的高效液相色谱柱后衍生测定黄曲霉毒素的含量。

171

 实验实施

1. 实验准备

(1)仪器与设备

1)高效液相色谱仪:配有荧光检测器。

2)天平:感量 0.001 g。

3)黄曲霉毒素免疫亲和柱。

4)玻璃纤维滤纸。

5)玻璃注射器:10 mL。

6)烧杯:100 mL。

7)均质器。

8)定性滤纸。

(2)试剂与药品

1)甲醇:色谱纯。

2)甲醇:分析纯,用于样品提取步骤。

3)甲醇-水(45 + 55):取 45 mL 甲醇加 55 mL 水。

4)甲醇-水(1 + 1):取 50 mL 甲醇加 50 mL 水。

5)氯化钠:分析纯。

6)黄曲霉毒素 B_1 标准品:纯度大于或等于99%。

7)黄曲霉毒素标准储备液:取标准品原液 1 mL 到 10 mL 棕色容量瓶中,用色谱级甲醇定容,得到总浓度为 100 μg/kg 的储备液。

8）黄曲霉毒素标准使用液：分别吸取 0 μL、5 μL、10 μL、50 μL、75 μL、100 μL 黄曲霉毒素标准储备液于进样瓶内，再分别吸取甲醇-水（1 + 1）1.000 mL、0.995 mL、0.990 mL、0.950 mL、0.925 mL、0.900 mL 注入进样瓶内，混合均匀，用于制作工作曲线。

9）甲醇-水（6 + 4）：取 60 mL 甲醇加 40 mL 水。

10）PBS 缓冲溶液：称取 8.0 g 氯化钠，1.2 g 磷酸氢二钠，0.2 g 磷酸二氢钾，0.2 g 氯化钾，用 990 mL 纯水溶解，然后用浓盐酸调 pH 至 7.0，最后用纯水稀释至 1 000 mL。

11）吐温 –20/PBS 缓冲溶液（0.1%）：取 1 mL 吐温 –20，加入 PBS 缓冲溶液并定容至 1 000 mL。

2. 实验步骤

（1）样品预处理

1）准确称取经过磨细（粒度小于 2 mm）的 25.0 g 样品，置于 100 mL 烧杯中，加入 5.0 g 氯化钠及 125 mL 甲醇-水（6 + 4）（若加标，取 125 μL 的标准品原液，加入样品中，得到黄曲霉毒素 B$_1$ 含量为 5 ng/g 的样品），以均质器高速搅拌提取 2 min，定性滤纸过滤。准确移取 10 mL 滤液并加入 10 mL 水稀释，用玻璃微纤维滤纸过滤 1～2 次，至滤液澄清，备用。

2）将上述 10 mL 滤液（10 mL 溶液等于 1.0 g 样品），以 1～2 滴/s 的流速全部通过 AflaTest-P 亲和柱。用 10 mL 吐温-20/PBS 清洗，直到空气进入到亲和柱中（通过免疫亲和柱滤液中甲醇的浓度小于或等于 30%）。将 10 mL 水以 2 滴/s 的流速全部通过亲和柱。用 2 mL 甲醇以 1～2 滴/s 的流速淋洗亲和柱，将所有的样品洗脱液收集于干净的玻璃容器中。加 2 mL 水于洗脱液中，用旋涡混合器混匀，备用。用水代替试样，按上述步骤作空白实验。

（2）仪器条件

1）色谱柱：YWG-C$_{18}$，250 mm × 4.6 mm，5 μm 不锈钢。

2）流动相：甲醇-水（45 + 55）。

3）流速：1.0 mL/min。

4）进样量：20 μL。

5）检测器：荧光检测器，激发波长为 360 nm，发射波长为 440 nm。

6）柱后衍生化系统。

7）根据保留时间定性，外标法峰面积定量。

（3）测定

用上述处理好的样液清洗进样器 2～3 次，注入高效液相色谱仪。

3. 结果计算

样品中黄曲霉毒素 B$_1$ 的含量（X）以微克每千克表示：

$$X = \frac{(c_1 - c_0) \times V}{W} \times f$$

其中：

$$W = \frac{m}{V_1} \times \frac{V_2}{(V_2 + V_3)} \times V_4$$

式中　X——试样中黄曲霉毒素 B$_1$ 的含量（μg/kg）；

c_1——试样中黄曲霉毒素 B$_1$ 的含量（μg/L）；

c_0——空白实验黄曲霉毒素 B$_1$ 的含量（μg/L）；

V——最终甲醇洗脱液的体积(mL);

f——最终净化洗脱液稀释倍数;

W——最终净化洗脱液所含的试样质量(g);

m——试样称取量(g);

V_1——样品和提取液总体积(mL);

V_2——稀释用样品滤液体积(mL);

V_3——稀释液体积(mL);

V_4——通过亲和柱的样品提取液的体积(mL)。

计算结果表示到小数点后2位。

项目六　焙烤食品微生物指标的检验

任务一　焙烤食品中菌落总数的测定

<难度指标> ★★★

 学习目标

1. 知识目标

（1）熟练掌握焙烤食品中菌落总数的测定原理。

（2）理解菌落总数在鉴定食品卫生状况中的意义和作用。

2. 能力目标

（1）熟练掌握焙烤食品中菌落总数的测定方法。

（2）掌握微生物实验的基本实验技能与实验室安全常识。

3. 情感态度价值观目标

（1）通过对焙烤食品中菌落总数测定的了解，激发和保持对食品检测技术的求知欲，形成积极主动地学习和使用食品检测技术、参与到检测活动的态度。

（2）能正确地认识食品检测对社会发展和日常生活的重要性。

（3）能理解并遵守与食品检测相关的职业道德，负责任地、安全地进行检测工作。

 任务描述

对任意一个焙烤食品样品，按标准要求对样品进行处理、稀释、接种、培养、计数和报告，测定菌落总数的含量［参照《食品安全国家标准　食品微生物学检验　菌落总数测定》（GB 4789.2—2010）］。

 任务分解

焙烤食品中菌落总数的测定流程如图2-21所示。

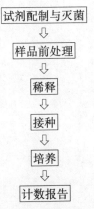

图2-21　焙烤食品中菌落总数的测定流程

知识储备

菌落总数是指食品检样经过处理，在一定条件下（如培养基、培养温度和培养时间等）培养后，所得每克（毫升）检样中形成的微生物菌落总数。

按国家标准方法规定，菌落总数是在需氧情况下，37 ℃培养 48 h，能在普通营养琼脂平板上生长的细菌菌落总数，所以厌氧或微需氧菌、有特殊营养要求的及非嗜中温的细菌，由于现有条件不能满足其生理需求，故难以繁殖生长。因此，菌落总数并不表示实际中的所有细菌总数，菌落总数并不能区分其中细菌的种类，所以有时被称为杂菌数、需氧菌数等。

菌落总数测定是用来判定食品被细菌污染的程度及卫生质量，它反映食品在生产过程中是否符合卫生要求，以便对被检样品作出适当的卫生学评价。菌落总数的多少在一定程度上标志着食品卫生质量的优劣，食品的菌落总数严重超标，说明其产品的卫生状况达不到基本的卫生要求，将会破坏食品的营养成分，加速食品的腐败变质，使食品失去食用价值。消费者食用微生物超标严重的食品，很容易患痢疾等肠道疾病，可能引起呕吐、腹泻等症状，危害人体健康安全。

但需要强调的是，菌落总数和致病菌有本质区别，菌落总数包括致病菌和有益菌，对人体有损害的主要是其中的致病菌，这些病菌会破坏肠道里正常的菌落环境，一部分可能在肠道被杀灭，另一部分会留在身体里引起腹泻、损伤肝脏等，而有益菌包括酸奶中常被提起的乳酸菌等。但菌落总数超标也意味着致病菌超标的机会增大，增加危害人体健康的概率。

 实验实施

1. 实验准备

（1）仪器与设备

1）恒温培养箱：36 ℃ ±1 ℃。

2）冰箱：2~5℃。

3）恒温水浴锅：46 ℃ ±1 ℃。

4）天平：感量 0.1 g。

5）均质器：配有无菌均质袋。

6）振荡器。

7）无菌吸管：1 mL。

8）无菌锥形瓶：250 mL、500 mL。

9）无菌培养皿：直径 90 mm。

10）pH 计。

11）放大镜或菌落计数器。

（2）试剂与药品

1）平板计数琼脂培养基（PCA）：将配好的培养基加热煮沸，分装在 500 mL 锥形瓶内，于 121 ℃高压灭菌 15 min。

2）无菌生理盐水：称取 8.5 g 氯化钠溶于 1 000 mL 蒸馏水中，分装于适宜容器中，于 121 ℃高压灭菌 15 min。

2. 实验步骤

（1）样品预处理

1）固体和半固体样品：称取25 g样品置无菌均质袋中，加入225 mL生理盐水，用拍击式均质器拍打1~2 min，制成1:10的样品匀液。

2）液体样品：将样品混匀后，以无菌吸管吸取25 mL样品置盛有225 mL生理盐水的无菌稀释瓶（可在瓶内预置适当数量的无菌玻璃珠）中，充分混匀，制成1:10的样品匀液。

3）用1 mL无菌吸管吸取1:10样品匀液1 mL，沿管壁缓慢注于盛有9 mL稀释液的无菌试管中（注意吸管的尖端不要触及稀释液面），振摇试管或换用一支无菌吸管反复吹打使其混合均匀，制成1:100的样品匀液。

4）按以上操作程序，制备10倍系列稀释样品匀液。每递增稀释一次，换用一次1 mL无菌吸管。

5）根据对样品污染状况的估计，选择2~3个适宜稀释度的样品匀液（液体样品包括原液），在进行10倍递增稀释时，每个稀释度分别吸取1 mL样品匀液加入无菌培养皿内，每个稀释度做两个培养皿。同时分别取1 mL空白稀释液加入两个无菌培养皿作为空白。

6）将15~20 mL冷却至46 ℃的平板计数琼脂培养基（可放置于46 ℃±1 ℃恒温水浴锅中保温）倾注上述培养皿，并且转动培养皿使其混合均匀。

（2）培养

1）琼脂凝固后，将平板翻转，置于培养箱内36 ℃±1 ℃培养48 h±2 h。水产品（仅限于鲜活水产品）30 ℃±1 ℃培养72 h±3 h。

2）如果样品中可能含有在琼脂培养基表面弥漫生长的菌落时，可以凝固后的琼脂表面覆盖一薄层琼脂培养基（约4 mL），凝固后翻转平板，按上述条件进行培养。

（3）菌落计数

1）可用肉眼观察（于黑色背景侧光下观察），菌落较小时用放大镜观察，记录稀释倍数和相应的菌落数量。菌落计数以菌落形成单位（CFU）表示。

2）选取菌落数为30~300 CFU、无蔓延菌落生长的平板计数菌落总数。

3）低于30 CFU的平板记录具体菌落数，大于300 CFU的可记录为多不可计。

4）每个稀释度的菌落数应采用两个平板的平均数。

5）其中一个平板有较大片状菌落生长时，则不宜采用，而应以无片状菌落生长的平板作为该稀释度的菌落数；若片状菌落不到平板的一半，而其余一半中菌落分布又很均匀，即可计算半个平板后乘以2，代表一个平板菌落数。

6）当平板上出现菌落间无明显界线的链状生长时，则将每条单链作为一个菌落计数。

3. 结果与报告

（1）菌落总数的计算方法

1）若只有一个稀释度平板上的菌落数在适宜计数范围内，计算两个平板菌落数的平均值，再将平均值乘以相应稀释倍数，作为每克（毫升）样品中菌落总数结果。

2）若有两个连续稀释度的平板菌落数在适宜计数范围内时，按式（2-6）计算。

$$N = \frac{\sum C}{(n_1 + 0.1n_2)d} \qquad (2\text{-}6)$$

式中　N——样品中菌落数；

$\sum C$——平板(含适宜范围菌落数的平板)菌落数之和;

n_1——第一稀释度(低稀释倍数)的平板数;

n_2——第二稀释度(高稀释倍数)的平板数;

d——稀释因子(第一稀释度)。

例如,某实验结果见表2-4。

表2-4 某菌落总数测定结果

稀释度	1:100(第一稀释度)	1:1000(第二稀释度)
菌落数	232,244	33,35

$$N = \frac{232 + 244 + 33 + 35}{[2 + (0.1 \times 2)] \times 10^{-2}} = \frac{544}{0.022} = 24\,727$$

上述数据经"四舍五入"后,表示为25 000或2.5×10^4。

3)若所有稀释度的平板上菌落数均大于300 CFU,则对稀释度最高的平板进行计数,其他平板可记录为多不可计,结果按平均菌落数乘以最高稀释倍数计算。

4)若所有稀释度的平板菌落数均小于30 CFU,则应按稀释度最低的平均菌落数乘以稀释倍数计算。

5)若所有稀释度(包括液体样品原液)平板均无菌落生长,则以小于1乘以最低稀释倍数计算。

6)若所有稀释度的平板菌落数均为30~300 CFU,其中一部分小于30 CFU或大于300 CFU时,则以最接近30 CFU或300 CFU的平均菌落数乘以稀释倍数计算。

(2)菌落总数的报告

1)菌落数在100 CFU以内时,按"四舍五入"原则修约,以整数(个位0或5)报告;如只有最低稀释度的平板有菌落生长,并且只有一个平板长有一个菌落,则以小于最低稀释倍数报告。

2)菌落数大于或等于100 CFU时,第3位数字采用"四舍五入"原则修约后,取前2位数字,后面用0代替位数;也可用10的指数形式来表示,按"四舍五入"原则修约后,采用2位有效数字。

3)若所有平板上为蔓延菌落而无法计数,则报告菌落蔓延。

4)若空白对照上有菌落生长,则此次检测结果无效。

5)称重取样以CFU/g为单位报告,体积取样以CFU/mL为单位报告。

4. 检测结果及质量评价

结果分析、撰写实验报告,数据记录及结果填入表2-5。

表2-5 焙烤食品中微生物指标测定数据记录表

系部		班级		姓名	
样品名称				实验时间	
检验项目	菌落总数		大肠菌群		霉菌总数
检测依据	GB 4789.2—2010		GB 4789.3—2010		GB 4789.15—2010

177

（续）

菌落总数的测定						
取样量	不同稀释度菌落数				培养条件：　　℃	
10^0	10^{-1}	10^{-2}	10^{-3}	10^{-4}	空白对照	实测结果

大肠菌群的测定								
取样量				培养条件：　　℃				
初发酵实验				复发酵实验				实测结果
1	0.1	0.01	0.001	1	0.1	0.01	0.001	

霉菌计数					
取样量不同稀释度菌落数				培养条件：　　℃	
10^0	10^{-1}	10^{-2}	10^{-3}	空白对照	实测结果

检验日期		检验	
验讫日期		复核	

任务二　焙烤食品中大肠菌群的测定

<难度指标> ★★★★

 学习目标

1. 知识目标

（1）熟练掌握焙烤食品中大肠菌群的测定原理。

（2）理解大肠菌群测定在鉴定食品卫生状况中的意义和作用。

2. 能力目标

（1）熟练掌握焙烤食品中大肠菌群的测定方法。

（2）掌握微生物实验的基本实验技能与实验室安全常识。

3. 情感态度价值观目标

（1）通过对焙烤食品中大肠菌群测定的了解，激发和保持对食品检测技术的求知欲，形成积极主动地学习和使用食品检测技术、参与到检测活动的态度。

（2）能正确地认识食品检测对社会发展和日常生活的重要性。

（3）能理解并遵守与食品检测相关的职业道德，负责任地、安全地进行检测工作。

任务描述

对任意一个焙烤食品样品，按标准要求对样品进行处理、稀释、初发酵、复发酵和报告，测定大肠菌群的数量［参照《食品安全国家标准 食品微生物学检验 大肠菌群计数》（GB 4789.3—2010）］。

 任务分解

焙烤食品中大肠菌群的测定流程如图 2-22 所示。

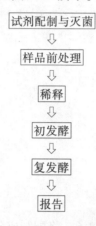

图 2-22 焙烤食品中大肠菌群的测定流程

 知识储备

大肠菌群是指在一定培养条件下能发酵乳糖、产酸产气的需氧和兼性厌氧革兰氏阴性无芽孢杆菌。

最可能数（MPN）是基于泊松分布的一种间接计数方法。

大肠菌群并非细菌学分类命名，而是卫生细菌领域的用语，它不代表某一个或某一属细菌，而指的是具有某些特性的一组与粪便污染有关的细菌，这些细菌在生化及血清学方面并非完全一致，其定义为需氧及兼性厌氧、在 37 ℃能分解乳糖且产酸产气的革兰氏阴性无芽孢杆菌。一般认为该菌群细菌可包括大肠埃希氏菌、柠檬酸杆菌、产气克雷白氏菌和阴沟肠杆菌等。

大肠菌群分布较广，在温血动物粪便和自然界广泛存在。调查研究表明，大肠菌群细菌多存在于温血动物粪便、人类经常活动的场所及有粪便污染的地方，人、畜粪便对外界环境的污染是大肠菌群在自然界存在的主要原因。粪便中多以典型大肠杆菌为主，而外界环境中则以大肠菌群其他型别较多。

大肠菌群是作为粪便污染指标菌提出来的，主要是以该菌群的检出情况来表示食品是否被粪便污染。大肠菌群数的高低，表明了粪便污染的程度，也反映了对人体健康危害性的大小。粪便是人类肠道排泄物，其中有健康人粪便，也有肠道患者或带菌者的粪便，所以粪便内除一般正常细菌外，同时也会有一些肠道致病菌存在（如沙门氏菌、志贺氏菌等），因而食品中有粪便污染，则可以推测该食品中存在着肠道致病菌污染的可能性，潜伏着食物中毒和流行病的威胁，必须看作对人体健康具有潜在的危险性。

大肠菌群是评价食品卫生质量的重要指标之一，目前已被国内外广泛应用于食品卫生工作中。

 实验实施

1. 实验准备

（1）仪器与设备

1）恒温培养箱：36 ℃ ±1 ℃。

2）冰箱：2～5 ℃。

3）恒温水浴锅：46 ℃ ±1 ℃。

4）天平：感量 0.1 g。

5）均质器：配有无菌均质袋。

6）振荡器。

7）无菌吸管：1 mL。

8）无菌锥形瓶：250 mL、500 mL。

9）无菌培养皿：直径 90 mm。

10）pH 计。

（2）试剂与药品

1）月桂基硫酸盐胰蛋白胨（LST）肉汤：将配制成分充分溶解后调 pH，分装到有玻璃小倒管的试管中，每管 10 mL，瓶口用硅胶塞盖上，不宜盖的过紧。121 ℃高压灭菌 15 min。

2）煌绿乳糖胆盐（BGLB）肉汤：将蛋白胨、乳糖溶于约 500 mL 蒸馏水中，加入牛胆粉溶液 200 mL，用蒸馏水稀释至 975 mL，调 pH，再加入 0.1％煌绿水溶液 13.3 mL，用蒸馏水补足到 1 000 mL，用棉花过滤后，分装到有玻璃小倒管的试管中，每管 10 mL，瓶口用硅胶塞盖上，不宜盖的过紧。121 ℃高压灭菌 15 min。

3）无菌生理盐水：称取 8.5 g 氯化钠溶于 1 000 mL 蒸馏水中，分装于适宜容器中，于 121 ℃高压灭菌 15 min。

2. 实验步骤

（1）样品预处理

1）固体和半固体样品：称取 25 g 样品，放入盛有 225 mL 生理盐水的无菌均质袋中，用拍击式均质器拍打 1～2 min，制成 1∶10 的样品匀液。

2）液体样品：以无菌吸管吸取 25mL 样品，置盛有 225 mL 生理盐水的无菌稀释瓶（可在瓶内预置适当数量的无菌玻璃珠）中，充分混匀，制成 1∶10 的样品匀液。

3）样品匀液 pH 为 6.5～7.5，必要时分别用 1 mol/L NaOH 或 1 mol/L HCl 调节。

4）用 1 mL 无菌吸管吸取 1∶10 样品匀液 1 mL，沿管壁缓缓注入 9 mL 生理盐水的无菌试管中（注意吸管尖端不要触及稀释液面），振摇试管或换用一支 1 mL 无菌吸管反复吹打，使其混合均匀，制成 1∶100 的样品匀液。

5）根据对样品污染状况的估计，按上述操作，依次制成 10 倍递增系列稀释样品匀液。每递增稀释 1 次，换用一支 1 mL 无菌吸管。

6）从制备样品匀液至样品接种完毕，全过程不得超过 15 min。

（2）初发酵实验

每个样品，选择 3 个适宜的连续稀释度的样品匀液（液体样品可以选择原液），每个稀释度接种 3 管 LST 肉汤，每管接种 1 mL（如接种量超过 1 mL，则用双料 LST 肉汤），36 ℃ ± 1 ℃培养 24 h ± 2 h，观察倒管内是否有气泡产生，24 h ± 2 h 产气者进行复发酵实验，如未产气则继续培养至 48 h ± 2 h，产气者进行复发酵实验。未产气者为大肠菌群阴性。

（3）复发酵实验

用接种环从产气的 LST 肉汤管中分别取培养物 1 环，移种于 BGLB 肉汤管中，36 ℃ ± 1 ℃培养 48 h ± 2 h，观察产气情况。产气者，计为大肠菌群阳性管。

3. 报告

根据大肠菌群 LST 阳性管数，检索 MPN 表，报告每克（毫升）样品中大肠菌群的 MPN 值。每克（毫升）检样中大肠菌群最可能数（MPN）检索表见表 2-6。

表 2-6 大肠菌群最可能数（MPN）检索表

阳性管数			MPN	95%可信限		阳性管数			MPN	95%可信限	
0.10	0.01	0.001		下限	上限	0.10	0.01	0.001		下限	上限
0	0	0	<3.0	—	9.5	2	2	0	21	4.5	42
0	0	1	3.0	0.15	9.6	2	2	1	28	8.7	94
0	1	0	3.0	0.15	11	2	2	2	35	8.7	94
0	1	1	6.1	1.2	18	2	3	0	29	8.7	94
0	2	0	6.2	1.2	18	2	3	1	36	8.7	94
0	3	0	9.4	3.6	38	3	0	0	23	4.6	94
1	0	0	3.6	0.17	18	3	0	1	38	8.7	110
1	0	1	7.2	1.3	18	3	0	2	64	17	180
1	0	2	11	3.6	38	3	1	0	43	9	180
1	1	0	7.4	1.3	20	3	1	1	75	17	200
1	1	1	11	3.6	38	3	1	2	120	37	420
1	2	0	11	3.6	42	3	1	3	160	40	420
1	2	1	15	4.5	42	3	2	0	93	18	420
1	3	0	16	4.5	42	3	2	1	150	37	420
2	0	0	9.2	1.4	38	3	2	2	210	40	430
2	0	1	14	3.6	42	3	2	3	290	90	1 000
2	0	2	20	4.5	42	3	3	0	240	42	1 000
2	1	0	15	3.7	42	3	3	1	460	90	2 000
2	1	1	20	4.5	42	3	3	2	1 100	180	4 100
2	1	2	27	8.7	94	3	3	3	>1 100	420	—

注：1. 本表采用 3 个稀释度 0.1 g（或 0.1 mL）、0.01 g（或 0.01 mL）和 0.001 g（或 0.001 mL），每个稀释度接种 3 管。

2. 表内所列检样量如改用 1 g（或 1 mL）、0.1 g（或 0.1 mL）和 0.01 g（或 0.01 mL）时，表内数字应相应减少 10 倍；如改用 0.01 g（或 0.01 mL）、0.001 g（或 0.001 mL）和 0.000 1 g（或 0.000 1 mL）时，则表内数字应相应增加 10 倍，其余类推。

 **知识拓展**

平板计数法测定大肠菌群的介绍如下：

1. 试剂与材料

1）结晶紫中性红胆盐琼脂（VRBA）：将配制成分溶于蒸馏水中，静置几分钟，充分搅拌，煮沸 2 min。分装在 500 mL 锥形瓶内，每瓶分装约 250 mL。加盖硅胶塞，置于无菌条件下冷却，冷却至 45～50 ℃时倾注平板。使用前临时制备，不得超过 3 h。

2）煌绿乳糖胆盐（BGLB）肉汤：将蛋白胨、乳糖溶于约 500 mL 蒸馏水中，加入牛胆粉溶液 200 mL，用蒸馏水稀释至 975 mL，调 pH，再加入 0.1%煌绿水溶液 13.3 mL，用蒸馏水补足到 1 000 mL，用棉花过滤后，分装到有玻璃小倒管的试管中，每管 10 mL，瓶口用硅胶塞盖上，不宜盖的过紧。121 ℃高压灭菌 15 min。

2. 样品前处理

按 MPN 计数法进行。

3. 平板计数

1）选取 2～3 个适宜的连续稀释度，每个稀释度接种 2 个无菌培养皿，每皿 1 mL。同时取 1 mL 生理盐水加入两个无菌培养皿作为空白对照。

2）及时将 15～20 mL 冷至 46 ℃的 VRBA 倾注于每个培养皿中。小心旋转培养皿，将培养基与样液充分混匀，待琼脂凝固后，再加 3～4 mL VRBA 覆盖平板表层。翻转平板，置于 36 ℃±1 ℃培养 18～24 h。

4. 平板菌落数的选择

选取菌落数为 15～150 CFU 的平板，分别计数平板上出现的典型和可疑大肠菌群菌落。典型菌落为紫红色，菌落周围有红色的胆盐沉淀环，菌落直径为 0.5 mm 或更大。

5. 证实实验

从 VRBA 平板上挑取 10 个不同类型的典型和可疑菌落，分别移种于 BGLB 肉汤管内，36 ℃±1 ℃培养 24～48 h，观察产气情况。凡 BGLB 肉汤管产气，即可报告为大肠菌群阳性。

6. 大肠菌群平板计数的报告

经最后证实为大肠菌群阳性的试管比例乘以"4. 平板菌落数的选择"步骤中计数的平板菌落数，再乘以稀释倍数，即为每克（毫升）样品中大肠菌群数。例如，10^{-4} 样品稀释液 1mL，在 VRBA 平板上有 100 个典型和可疑菌落，挑取其中 10 个接种 BGLB 肉汤管，证实有 6 个阳性管，则该样品的大肠菌群数为 $100 \times 6/10 \times 10^4$ g（mL）= 6.0×10^5 CFU/g（CFU/mL）。

任务三 焙烤食品中霉菌和酵母的计数

<难度指标> ★★★

 学习目标

1. 知识目标

（1）熟练掌握焙烤食品中霉菌和酵母计数的原理。

（2）理解霉菌和酵母计数在鉴定食品卫生状况中的意义和作用。

2. 能力目标

（1）熟练掌握焙烤食品中霉菌和酵母计数的测定方法。

（2）掌握微生物实验的基本实验技能与实验室安全常识。

3. 情感态度价值观目标

（1）通过对焙烤食品中霉菌和酵母计数的了解，激发和保持对食品检测技术的求知欲，形成积极主动地学习和使用食品检测技术、参与到检测活动的态度。

（2）能正确地认识食品检测对社会发展和日常生活的重要性。

（3）能理解并遵守与食品检测相关的职业道德，负责任地、安全地进行检测工作。

 任务描述

对任意一个焙烤食品样品，按标准要求对样品进行处理、稀释、接种、培养、计数和报告，测定霉菌和酵母的数量[参照《食品安全国家标准　食品微生物学检验　霉菌和酵母计数》（GB 4789.15—2010）]。

 任务分解

焙烤食品中霉菌和酵母计数流程如图2-23所示。

图2-23　焙烤食品中霉菌和酵母计数流程

 知识储备

霉菌是形成分枝菌丝的真菌的统称，不是分类学的名词，在分类上属于真菌门的各个亚门。构成霉菌体的基本单位称为菌丝，呈长管状，宽度 $2 \sim 10\ \mu m$，可不断自前端生长并分枝。霉菌细胞无隔或有隔，具1至多个细胞核。细胞壁分为三层：外层是无定形的 β 葡聚糖；中层是糖蛋白，蛋白质网中间填充葡聚糖；内层是几丁质微纤维，夹杂无定形蛋白质。在固体基质上生长时，部分菌丝深入基质吸收养料，称为基质菌丝或营养菌丝；向空中伸展的称气生菌丝，可进一步发育为繁殖菌丝，产生孢子。大量菌丝交织成绒毛状、絮状或网状等，称为菌丝体。菌丝体常呈白色、褐色、灰色，或者呈鲜艳的颜色（菌落为白色毛状的是毛霉，绿色的为青霉，黄色的为黄曲霉），有的可产生色素使基质着色。霉菌繁殖迅速，常造

183

成食品、用具大量霉腐变质，但许多有益种类已被广泛应用，是人类实践活动中很早利用和认识的一类微生物。

酵母菌是一些单细胞真菌，并非系统演化分类的单元。酵母菌是人类文明史中被应用得最早的微生物。它可在缺氧环境中生存。目前已知有1 000多种酵母菌，根据酵母菌产生孢子(子囊孢子和担孢子)的能力，可将酵母分成两大类：形成孢子的株系属于子囊菌和担子菌；不形成孢子但主要通过出芽生殖来繁殖的称为不完全真菌，或者叫假酵母(类酵母)。目前已知大部分酵母被分类到子囊菌门。酵母菌在自然界分布广泛，主要生长在偏酸性的潮湿的含糖环境中，而在酿酒中，它也十分重要。

 实验实施

1. 实验准备

(1) 仪器与设备

1) 恒温培养箱：28 ℃ ±1 ℃。

2) 冰箱：2~5 ℃。

3) 恒温水浴锅：46 ℃ ±1 ℃。

4) 天平：感量0.1 g。

5) 均质器：配有无菌均质袋。

6) 振荡器。

7) 无菌吸管：1 mL。

8) 无菌锥形瓶：250 mL、500 mL。

9) 无菌培养皿：直径90 mm。

(2) 试剂与药品

孟加拉红培养基：将配制成分加入蒸馏水中，加热溶化，煮沸并充分溶解后，分装在500 mL锥形瓶内，每瓶分装约250 mL，于121 ℃高压灭菌20 min。

2. 实验步骤

(1) 样品的稀释

1) 固体和半固体样品：称取25 g样品至盛有225 mL灭菌蒸馏水的锥形瓶中，在振荡器上中速振摇2 min，即为1∶10的样品匀液，或者放入盛有225 mL灭菌蒸馏水的无菌均质袋中，用拍击式均质器拍打2 min，制成1∶10的样品匀液。

2) 液体样品：以无菌吸管吸取25 mL样品至盛有225 mL灭菌蒸馏水的锥形瓶(可在瓶内预置适当数量的无菌玻璃珠)中，充分混匀，制成1∶10的样品匀液。

3) 取1 mL 1∶10稀释液注入含有9 mL无菌水的试管中，另换一支1 mL灭菌吸管反复吹吸，此液为1∶100稀释液。

4) 按上述操作程序，制备10倍系列稀释样品匀液。每递增稀释一次，换用一支1 mL无菌吸管。

5) 根据对样品污染状况的估计，选择2~3个适宜稀释度的样品匀液(液体样品可包括原液)，在进行10倍递增稀释的同时，每个稀释度分别吸取1 mL样品匀液于2个无菌培养皿内。同时分别取1 mL稀释液加入2个无菌培养皿作空白对照。

6）及时将15~20 mL冷却至46 ℃左右的孟加拉红培养基倾注培养皿，并且转动培养皿使其混合均匀。

（2）培养

待琼脂凝固后，将培养皿倒置，28 ℃±1 ℃培养箱5天，观察并记录。

（3）计数

1）肉眼观察，必要时可用放大镜，记录各稀释倍数和相应的霉菌和酵母数。以菌落形成单位（CFU）表示。

2）选取菌落数在10~150 CFU的平板，根据菌落形态分别计数霉菌和酵母数。霉菌蔓延生长覆盖整个培养皿的可记录为多不可计。菌落数应采用两个平板的平均数。

3. 结果与报告

（1）计算两个平板菌落数的平均值，再将平均值乘以相应稀释倍数计算

1）若所有平板上菌落数均大于150 CFU，则对稀释度最高的平板进行计数，其他平板可记录为多不可计，结果按平均菌落数乘以最高稀释倍数计算。

2）若所有平板上菌落数均小于10 CFU，则应按稀释度最低的平均数落数乘以稀释倍数计算。

3）若所有稀释度平板均无菌落生长，则以小于1乘以最低稀释倍数计算；如为原液，则以小于1计数。

（2）报告

1）菌落数在100以内时，按"四舍五入"原则修约，采用2位有效数字（个位0或5）报告。如只有最低稀释度的平板有菌落生长，并且只有一个平板长有一个菌落，则以小于最低稀释倍数报告。

2）菌落数大于或等于100时，前3位数字采用"四舍五入"原则修约后，取前2位数字，后面用0代替位数来表示结果；也可用10的指数形式来表示，此时也按"四舍五入"原则修约，采用2位有效数字。

3）称重取样以CFU/g为单位报告，体积取样以CFU/mL为单位报告。报告或分别报告霉菌和/或酵母数。

任务四　焙烤食品中金黄色葡萄球菌的检验

<难度指标> ★★★★

 学习目标

1. 知识目标

（1）熟练掌握焙烤食品中金黄色葡萄球菌的测定原理。

（2）理解金黄色葡萄球菌在鉴定食品卫生状况中的意义和作用。

2. 能力目标

（1）熟练掌握焙烤食品中金黄色葡萄球菌的测定方法。

（2）掌握微生物实验的基本实验技能与实验室安全常识。

3. 情感态度价值观目标

（1）通过对焙烤食品中金黄色葡萄球菌测定的了解，激发和保持对食品检测技术的求

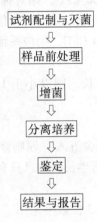

知欲，形成积极主动地学习和使用食品检测技术、参与到检测活动的态度。

（2）能正确地认识食品检测对社会发展和日常生活的重要性。

（3）能理解并遵守与食品检测相关的职业道德，负责任地、安全地进行检测工作。

任务描述

对任意一个焙烤食品样品，按标准要求对样品进行处理、增菌、分离培养、鉴定、结果和报告，定性测定金黄色葡萄球菌［参照《食品安全国家标准　食品微生物学检验　金黄色葡萄球菌检验》（GB 4789.10—2010）］。

任务分解

焙烤食品中金黄色葡萄球菌的检验流程如图2-24所示。

试剂配制与灭菌
⇩
样品前处理
⇩
增菌
⇩
分离培养
⇩
鉴定
⇩
结果与报告

图2-24　焙烤食品中金黄色葡萄球菌的检验流程

知识储备

金黄色葡萄球菌是使人类致病的一种重要病原菌，隶属于葡萄球菌属，有"嗜肉菌"的别称，是革兰氏阳性菌的代表，可引起许多严重感染。金黄色葡萄球菌在自然界中无处不在，空气、水、灰尘及人和动物的排泄物中都可找到。因此，食品受到污染的机会很多。美国疾病控制中心报告，由金黄色葡萄球菌引起的感染占第二位，仅次于大肠杆菌。消除金黄色葡萄球菌肠毒素是个世界性卫生难题，在美国由金黄色葡萄球菌肠毒素引起的食物中毒占整个细菌性食物中毒的33%，加拿大则更多，占到45%，我国每年发生的此类中毒事件也非常多。

金黄色葡萄球菌的流行病学一般有如下特点：季节分布，多见于春季与夏季；中毒食品种类多，如奶、肉、蛋、鱼及其制品。此外，剩饭、油煎蛋、糯米糕及凉粉等引起的中毒事件也有报道。上呼吸道感染患者鼻腔带菌率83%，所以人畜化脓性感染部位常成为污染源。

金黄色葡萄球菌是人类化脓感染中最常见的病原菌，可引起局部化脓感染，也可引起肺炎、伪膜性肠炎、心包炎等，甚至败血症等全身感染。金黄色葡萄球菌的致病力的强弱主要取决于其产生的毒素和侵袭性酶。

实验实施

1. 实验准备

（1）仪器与设备

1）恒温培养箱：36 ℃ ±1 ℃。

2）冰箱：2 ~ 5 ℃。

3）恒温水浴锅：37 ~ 65 ℃。

4）天平：感量 0.1 g。

5）均质器：配有无菌均质袋。

6）振荡器。

7）无菌吸管：1 mL。

8）无菌锥形瓶：250 mL、500 mL。

9）无菌培养皿：直径 90 mm。

10）pH 计。

（2）试剂与药品

1）7.5% 氯化钠肉汤：将配制成分加热溶解，用氢氧化钠或盐酸调 pH 至 7.4，分装每瓶 225 mL，121 ℃ 高压灭菌 15 min。

2）血琼脂平板：加热溶化琼脂，冷却至 50 ℃，以无菌操作加入脱纤维羊血，摇匀，倾注平板。

3）Baird-Parker 琼脂平板：将各配制成分溶于蒸馏水并加热煮沸完全溶解，每瓶分装 95 mL，121 ℃ 高压灭菌 15 min。临用时加热溶化琼脂，冷至 50 ℃ 时，每 95 mL 加入 5 mL 卵黄亚碲酸钾增菌液，倾入平板备用。

4）脑心浸出液肉汤（BHI）：将配制成分溶于蒸馏水并加热煮沸完全溶解，分装试管，每管 5 mL，121 ℃ 高压灭菌 15 min。

5）兔血浆：取柠檬酸钠 3.8g，加蒸馏水 100 mL，溶解过滤后，装瓶，121 ℃ 高压灭菌 15 min，制成 3.8% 柠檬酸钠溶液。取此溶液一份，加兔全血四份，混好静置（或以 3 000 r/min 离心 30 min），使血液细胞下降，即可得血浆。

6）营养琼脂小斜面：将各配制成分加热煮沸完全溶解，121 ℃ 高压灭菌 15 min。冷至 50 ℃ 时，制成平板或斜面。

7）革兰氏染色液：结晶紫染色液、革兰氏碘液、沙黄复染液、95% 乙醇。

2. 实验步骤

（1）样品的处理

称取 25 g 样品至盛有 225 mL 7.5% 氯化钠肉汤的无菌均质袋中，用拍击式均质器拍打 1 ~ 2 min。若样品为液态，吸取 25 mL 样品至盛有 225 mL 7.5% 氯化钠肉汤的无菌锥形瓶中（瓶内可预置适当数量的无菌玻璃珠），振荡混匀。

（2）增菌和分离培养

1）将上述样品匀液于 36 ℃ ±1 ℃ 培养 18 ~ 24 h。金黄色葡萄球菌在 7.5% 氯化钠肉汤中呈混浊生长。

2）将上述培养物，分别划线接种到 Baird-Parker 平板和血平板上，血平板 36 ℃ ±1 ℃ 培养 18 ~ 24 h。Baird-Parker 平板 36 ℃ ±1 ℃ 培养 18 ~ 24 h 或 45 ~ 48 h。

3）金黄色葡萄球菌在 Baird-Parker 平板上，菌落直径为 2 ~ 3 mm，颜色呈灰色到黑色，边缘为浅色，周围为一混浊带，在其外层有一透明圈。用接种针接触菌落有似奶油至树胶样的硬度，偶然会遇到非脂肪溶解的类似菌落；但无混浊带及透明圈。长期保存的冷冻或干燥食品中所分离的菌落比典型菌落所产生的黑色较浅些，外观可能粗糙并干燥。在血平板上，形成菌落较大。挑取上述菌落进行革兰氏染色镜检及血浆凝固酶实验。

（3）鉴定

1）染色镜检：金黄色葡萄球菌为革兰氏阳性球菌，排列呈葡萄球状，无芽孢，无荚膜，直径为 0.5 ~ 1 μm。

2）染色法：

①涂片在火焰上固定，滴加结晶紫染液，染 1 min，水洗。

②滴加革兰氏碘液，作用 1 min，水洗。

③滴加 95% 乙醇脱色 15 ~ 30 s，直至染色液被洗掉，不要过分脱色，水洗。

④滴加复染液，复染 1 min，水洗、待干、镜检。

3）血浆凝固酶实验：挑取 Baird-Parker 平板或血平板上可疑菌落 1 个或以上，分别接种到 5 mL BHI 和营养琼脂小斜面，36 ℃ ±1 ℃ 培养 18 ~ 24 h。取兔血浆加入 0.5 mL 灭菌生理盐水，完全溶解，再加入 BHI 培养物 0.2 ~ 0.3 mL，振荡摇匀，置 36 ℃ ±1 ℃ 培养箱或水浴锅内，每半小时观察一次，观察 6 h，如呈现凝固（即将试管倾斜或倒置时，呈现凝块）或凝固体积大于原体积的一半，被判定为阳性结果。同时以血浆凝固酶实验阳性和阴性葡萄球菌菌株的肉汤培养物作为对照。结果如可疑，挑取营养琼脂小斜面的菌落到 5 mL BHI，36 ℃ ±1 ℃ 培养 18 ~ 48 h，重复实验。

3. 结果与报告

1）结果判定：符合分离培养、鉴定步骤中描述的实验现象，可判定为金黄色葡萄球菌。

2）结果报告：在 25 g(mL) 样品中检出或未检出金黄色葡萄球菌。

4. 检测结果及质量评价

结果分析、撰写实验报告，数据记录及结果填入表 2-7。

表 2-7　焙烤食品中金黄色葡萄球菌、沙门氏菌、志贺氏菌测定数据记录表

系部		班级		姓名	
样品名称			样品批次		
检验项目	沙门氏菌□		志贺氏菌□	金黄色葡萄球菌□	
检验依据	GB 4789.4—2010		GB 4789.5—2012	GB 4789.10—2010	
致病菌检验	可疑菌落生长状况			实测结果	标准	单项结论
沙门氏菌						
志贺氏菌						
金黄色葡萄球菌						
检验日期			检验		
验讫日期			复核		

任务五　焙烤食品中沙门氏菌的检验

<难度指标> ★★★★★

 学习目标

1. 知识目标

（1）熟练掌握焙烤食品中沙门氏菌的测定原理。

（2）理解沙门氏菌在鉴定食品卫生状况中的意义和作用。

2. 能力目标

（1）熟练掌握焙烤食品中沙门氏菌的测定方法。

（2）培养微生物实验的基本实验技能与实验室安全常识。

3. 情感态度价值观目标

（1）通过对焙烤食品中沙门氏菌测定的了解，激发和保持对食品检测技术的求知欲，形成积极主动地学习和使用食品检测技术、参与到检测活动的态度。

（2）能正确地认识食品检测对社会发展和日常生活的重要性。

（3）能理解并遵守与食品检测相关的职业道德，负责任地、安全地进行检测工作。

 任务描述

对任意一个焙烤食品样品，按标准要求对样品进行处理、前增菌、增菌、分离、生化实验、血清学鉴定、结果和报告，定性测定沙门氏菌［参照《食品安全国家标准　食品微生物学检验　沙门氏菌检验》（GB 4789.4—2010）］。

 任务分解

焙烤食品中沙门氏菌的检验流程如图2-25所示。

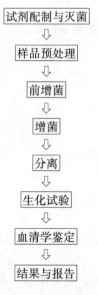

图2-25　焙烤食品中沙门氏菌的检验流程

189

知识储备

沙门氏菌病的病原体属肠杆菌科，为革兰氏阴性肠道杆菌，已发现的近1 000种的沙门氏菌(或菌株)。按其抗原成分可分为甲、乙、丙、丁、戊等基本菌组。其中与人体疾病有关的主要有甲组的副伤寒甲杆菌，乙组的副伤寒乙杆菌和鼠伤寒杆菌，丙组的副伤寒丙杆菌和猪霍乱杆菌，丁组的伤寒杆菌和肠炎杆菌等。除伤寒杆菌、副伤寒甲杆菌和副伤寒乙杆菌引起人类的疾病外，大多数仅能引起家畜、鼠类和禽类等动物的疾病，但有时也可污染人类的食物而引起食物中毒。

沙门氏菌在水中不易繁殖，但可生存2～3周，冰箱中可生存3～4个月，在自然环境下的粪便中可存活1～2个月。沙门氏菌最适繁殖温度为37 ℃，在20 ℃以上即能大量繁殖，因此，低温储存食品是一项重要预防措施。沙门氏菌病是公共卫生学上具有重要意义的人畜共患病之一，其病原沙门氏菌属肠道细菌科，包括那些引起食物中毒，导致胃肠炎、伤寒和副伤寒的细菌。它们除可感染人外，还可感染很多动物包括哺乳类、鸟类、爬行类、鱼类、两栖类及昆虫。人畜感染后可呈无症状带菌状态，也可表现为有临床症状的致死疾，它可能加重病态或死亡率，或者降低动物的繁殖力。

菌体大小(0.6～0.9 μm)×(1～3 μm)微米无芽孢，一般无荚膜，除鸡白痢沙门氏菌和鸡伤寒沙门氏菌外，大多有周身鞭毛。沙门氏菌对营养要求不高，分离培养常采用肠道选择鉴别培养基。生化反应对本属菌的鉴别具有重要参考意义。沙门氏菌不液化明胶，不分解尿素，不产生吲哚，不发酵乳糖和蔗糖，能发酵葡萄糖、甘露醇、麦芽糖，大多产酸产气，少数只产酸不产气。生化实验阴性，有赖氨酸脱羧酶。对热抵抗力不强，在60 ℃ 15 min下可被杀死。在5%的苯酚中，5 min死亡。

实验实施

1. 实验准备

(1) 仪器与设备

1) 恒温培养箱：36 ℃±1 ℃、42 ℃±1 ℃。

2) 冰箱：2～5 ℃。

3) 天平：感量0.1 g。

4) 均质器：配有无菌均质袋。

5) 振荡器。

6) 无菌吸管：1 mL。

7) 无菌锥形瓶：250 mL、500 mL。

8) 无菌培养皿：直径90 mm。

9) pH计。

(2) 试剂与药品

1) 缓冲蛋白胨水(BPW)：煮沸溶解，分装在500 mL锥形瓶内，每瓶分装约225 mL，高压灭菌121 ℃，15 min。

2) 四硫磺酸钠煌绿(TTB)增菌液：煮沸溶解，高压灭菌121 ℃，20 min。临用前按每100 mL加入碘液一支(P-72)和0.1%煌绿一支，混匀分装试管，每管10 mL。

3）亚硒酸盐胱氨酸（SC）增菌液：加热煮沸灭菌，不要过度加热，待温度适中倒平板。

4）亚硫酸铋（BS）琼脂：加热煮沸至完全溶解，冷却至 55 ℃，倾注平板备用。

5）HE 琼脂：加热煮沸至完全溶解，冷却至 55 ℃，倾注平板备用。

6）三糖铁（TSI）琼脂：加热煮沸至完全溶解，分装试管，每管 5 mL，冷却至 55 ℃，倾注平板备用。高压灭菌 115 ℃，15 min，制成斜面。

7）蛋白胨水、靛基质试剂：挑取小量培养物接种，在 36 ℃ ±1 ℃，培养 1 ~ 2 天，必要时可培养 4 ~ 5 天。加入柯凡克试剂约 0.5 mL，轻摇试管，阳性者于试剂层呈深红色；或者加入欧-波试剂约 0.5 mL，沿管壁流下，覆盖于培养液表面，阳性者于液面接触处呈玫瑰红色。

8）尿素琼脂（pH 7.2）：挑取琼脂培养物接种，36 ℃ ±1 ℃培养 24 h，观察结果。尿素酶阳性者由于产碱而使培养基变为红色。

9）赖氨酸脱羧酶实验培养基：加热煮沸至完全溶解，分装试管，每管 0.5 mL，高压灭菌 115 ℃，15 min。从琼脂斜面上挑取培养物接种，于 36 ℃ ±1 ℃，培养 18 ~ 24 h，观察结果。产碱培养基呈紫色为阳性，无碱性产物，但因葡萄糖产酸而使培养基变为黄色。对照管应为黄色。

10）ONPG 培养基：自琼脂斜面上挑取培养物 1 满环接种于 ONPG 培养基，于 36 ℃ ±1 ℃，1 ~ 3 h 和 24 h 观察结果。1 ~ 3 h 变黄色为阳性，24 h 变色为阴性。

11）半固体琼脂：加热煮沸至完全溶解，分装试管，每管 2 mL，高压灭菌 115 ℃，15 min。直立凝固备用。

12）沙门氏菌属诊断血清。

2. 实验步骤

（1）前增菌

称取 25 g（mL）样品置于盛有 225 mL BPW 的无菌均质袋中，用拍击式均质器拍打 1 ~ 2 min。若样品为液态，不需要均质，振荡混匀。如需测定 pH 值，用 1 mol/mL 无菌 NaOH 或 HCl 调 pH 至 6.8 ±0.2。直接进行培养，于 36 ℃ ±1 ℃培养 8 ~ 18 h。如为冷冻产品，应在 45 ℃ 以下不超过 15 min，或者 2 ~ 5 ℃不超过 18 h 解冻。

（2）增菌

轻轻摇动培养过的样品混合物，移取 1 mL，转种于 10 mL TTB 内，于 42 ℃ ±1 ℃培养 18 ~ 24 h。同时，另取 1 mL，转种于 10 mL SC 内，于 36 ℃ ±1 ℃培养 18 ~ 24 h。

（3）分离

分别用接种环取增菌液 1 环，划线接种于一个 BS 琼脂平板和一个 XLD 琼脂平板（或 HE 琼脂平板或沙门氏菌属显色培养基平板）。于 36 ℃ ±1 ℃分别培养 18 ~ 24 h（XLD 琼脂平板、HE 琼脂平板、沙门氏菌属显色培养基平板）或 40 ~ 48 h（BS 琼脂平板），观察各个平板上生长的菌落，各个平板上的菌落特征见表 2-8。

表 2-8　沙门氏菌属在不同选择性琼脂平板上的菌落特征

选择性琼脂平板	沙门氏菌
BS 琼脂	菌落为黑色有金属光泽、棕褐色或灰色，菌落周围培养基可呈黑色或棕色；有些菌株形成灰绿色的菌落，周围培养基不变

191

（续）

选择性琼脂平板	沙门氏菌
HE 琼脂	蓝绿色或蓝色，多数菌落中心为黑色或几乎全为黑色；有些菌株为黄色，中心为黑色或几乎全为黑色
XLD 琼脂	菌落呈粉红色，带或不带黑色中心，有些菌株可呈现大的带光泽的黑色中心，或者呈现全部黑色的菌落；有些菌株为黄色菌落，带或不带黑色中心
沙门氏菌属显色培养基	按照显色培养基的说明进行判定

（4）生化实验

1）自选择性琼脂平板上分别挑取 2 个以上典型或可疑菌落，接种三糖铁琼脂，先在斜面划线，再于底层穿刺；接种针不要灭菌，直接接种赖氨酸脱羧酶实验培养基和营养琼脂平板，于 36 ℃ ±1 ℃培养 18～24 h，必要时可延长至 48 h。在三糖铁琼脂和赖氨酸脱羧酶实验培养基内，沙门氏菌属的反应结果见表 2-9。

表 2-9　沙门氏菌属在三糖铁琼脂和赖氨酸脱羧酶实验培养基内的反应结果

三糖铁琼脂				赖氨酸脱羧酶实验培养基	初步判断
斜面	底层	产气	硫化氢		
K	A	+（-）	+（-）	+	可疑沙门氏菌属
K	A	+（-）	+（-）	-	可疑沙门氏菌属
A	A	+（-）	+（-）	+	可疑沙门氏菌属
A	A	+/-	+/-	-	非沙门氏菌
K	K	+/-	+/-	+/-	非沙门氏菌

注：K：产碱；A：产酸；+：阳性；-：阴性；+（-）：多数阳性，少数阴性；+/-：阳性或阴性。

2）接种三糖铁琼脂和赖氨酸脱羧酶实验培养基的同时，可直接接种蛋白胨水（供做靛基质实验）、尿素琼脂（pH 7.2）、氰化钾（KCN）培养基，也可在初步判断结果后从营养琼脂平板上挑取可疑菌落接种。于 36 ℃ ±1 ℃培养 18～24 h，必要时可延长至 48 h，按表 2-10 判定结果。将已挑菌落的平板储存于 2～5 ℃或室温至少保留 24 h，以备必要时复查。

表 2-10　沙门氏菌属生化反应初步鉴别表

反应序号	硫化氢（H_2S）	靛基质	pH 7.2 尿素	氰化钾（KCN）	赖氨酸脱羧酶
A1	+	-	-	-	+
A2	+	+	-	-	+
A3	-	-	-	-	+/-

注：+：阳性；-：阴性；+/-：阳性或阴性。

3）反应序号 A1：典型反应判定为沙门氏菌属。如尿素、KCN 和赖氨酸脱羧酶 3 项中有 1 项异常，按表 2-11 可判定为沙门氏菌。如有 2 项异常，为非沙门氏菌。

表 2-11　沙门氏菌属生化反应初步鉴别表

pH 7.2 尿素	氰化钾（KCN）	赖氨酸脱羧酶	判定结果
−	−	−	甲型副伤寒沙门氏菌（要求血清学鉴定结果）
−	+	+	沙门氏菌Ⅳ或Ⅴ（要求符合本群生化特性）
+	−	+	沙门氏菌个别变体（要求血清学鉴定结果）

注：+：阳性；−：阴性。

4）反应序号 A2：补作甘露醇和山梨醇实验，沙门氏菌靛基质阳性变体两项实验结果均为阳性，但需要结合血清学鉴定结果进行判定。

5）反应序号 A3：补做 ONPG。ONPG 阴性为沙门氏菌，同时赖氨酸脱羧酶阳性，甲型副伤寒沙门氏菌为赖氨酸脱羧酶阴性。

6）必要时按表 2-12 进行沙门氏菌生化群的鉴别。

表 2-12　沙门氏菌属各生化群的鉴别

项目	Ⅰ	Ⅱ	Ⅲ	Ⅳ	Ⅴ	Ⅵ
卫矛醇	+	+	−	−	+	−
山梨醇	+	+	+	+	+	−
水杨苷	−	−	−	+	−	−
ONPG	−	−	+	−	+	−
丙二酸盐	−	+	+	−	−	−
KCN	−	−	−	+	+	−

注：+：阳性；−：阴性。

（5）血清学鉴定

1）抗原的准备：一般采用 1.2%～1.5% 琼脂培养物作为玻片凝集实验用的抗原。O 血清不凝集时，将菌株接种在琼脂量较高的（如 2%～3%）培养基上再检查；如果是由于 Vi 抗原的存在而阻止了 O 凝集反应时，可挑取菌苔于 1 mL 生理盐水中做成浓菌液，于酒精灯火焰上煮沸后再检查。H 抗原发育不良时，将菌株接种在 0.55%～0.65% 半固体琼脂平板的中央，待菌落蔓延生长时，在其边缘部分取菌检查；或者将菌株通过装有 0.3%～0.4% 半固体琼脂的小玻管 1～2 次，自远端取菌培养后再检查。

2）多价菌体抗原（O）鉴定：在玻片上划出 2 个约 1 cm × 2 cm 的区域，挑取 1 环待测菌，各放 1/2 环于玻片上的每一区域上部，在其中一个区域下部加 1 滴多价菌体（O）抗血清，在另一区域下部加入 1 滴生理盐水，作为对照。再用无菌的接种环（针）分别将两个区域内的菌落研成乳状液。将玻片倾斜摇动混合 1 min，并且对着黑暗背景进行观察，任何程度的凝集现象皆为阳性反应。

3）多价鞭毛抗原（H）鉴定：操作方法同多价菌体抗原（O）鉴定。

3. 结果与报告

综合以上生化实验和血清学鉴定的结果，报告 25 g（mL）样品中检出或未检出沙门氏菌。

参 考 文 献

[1] 李里特. 焙烤食品工艺学[M]. 北京：中国轻工业出版社，2000.

[2] 孙君社. 现代食品加工学[M]. 北京：中国农业出版社，2001.

[3] 国家质量监督检验检疫总局职业技能鉴定指导中心. 食品质量检验—粮油及制品类[M]. 北京：中国计量出版社，2005.

[4] 中国标准出版社第一编辑室. 中国食品工业标准汇编　焙烤食品糖制品及相关食品卷：上册[M]. 2版. 北京：中国标准出版社，2001.

[5] 中国标准出版社第一编辑室. 中国食品工业标准汇编　焙烤食品糖制品及相关食品卷：下册[M]. 2版. 北京：中国标准出版社，2004.

[6] 王辉. 农产品营养物质分析[M]. 北京：中国农业大学出版社，2010.

[7] 蔡晓雯，庞彩霞，谢建华. 焙烤食品加工技术[M]. 北京：科学出版社，2011.

[8] 朱克永. 食品检测技术—理化检验 感官检验技术[M]. 北京：科学出版社，2011.

[9] 韩忠霄，孙乃有. 无机及分析化学[M]. 2版. 北京：化学工业出版社，2010.